大小建筑系列·第 1 辑

大小建筑
进行时

主编 李 瑶

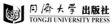
同済大学 出版社
TONGJI UNIVERSITY PRESS

中国的建筑时代催生了无数的高楼大厦，也给予中国建筑师大量实践思考学习的机会。无疑，这种一线实践的机会对建筑师的职业生涯是极其宝贵的，特别是对那些充满理想、渴望进步的年轻建筑师们，通过不断的总结和超越，在一步步走向成熟。成立不久的"大小建筑"就是由这样一批建筑师创立的设计机构，他们的事业和追求正在引起业界越来越多的关注。

李瑶在进入华东建筑设计研究院初期正值改革开放后建筑的第二个发展期，他体验了学习理解加设计的过程；其后经历了两年的赴日交流建筑师过程，参与了东京大厦、半岛酒店的方案设计，从设计初期的无束缚期向理性的建筑思维转变；而后就赶上了中央电视台新址工程项目，作为项目副设总带队前往鹿特丹进行了一年的方案初设合作期，通过团队式的合作体会到现代建筑对空间的无限追求；在央视4年的设计周期后，开始运用积累的设计理念在国内海外市场进行项目实践，创作了印度钻石塔、阿布扎比三叶大厦等作品。随着越来越多奔波于不同的城市，负责着原创设计和合作设计等不同类型的项目，他明显感觉到技术和由技术而商务的精力失衡，同样也感受到大型项目在合作设计过程中所消耗的时间和精力。当央视新台址工程、衡山路十二号、世博阿联酋馆等一批和大师合作的项目陆续完成，其他一些如唐韵山庄、江海大厦、能达大厦等原创设计的区域地标建筑纷纷落成或进入实施阶段之际，他开始重新思考需要的设计环境。

吴正自2000年毕业进入华东建筑设计研究院开始了建筑师职业生涯，有幸师从汪孝安总师。设计项目从武汉电视台、南昌电视台到中央电视台新址工程，以及一系列作为李瑶团队设计负责的作品均陆续建成。在设计实践过程中，大院所独有的传承极大地影响和左右了他的设计观，这种传承不仅仅包括设计思路的传承，还包括对设计态度和设计技术的传承。在大院工作了11年之后，吴正怀揣着创立"建筑事务所"的梦想，思考着自己未来的职业规划。

"大小建筑"成立的2011年9月，正处于他们在国营大院背景下的这一节点思考。在大院时期完成了一系列的项目后，试图寻求更多的设计体验，更多地以具有区域特征的原创精神、以"小而精致、大至精彩"度身定做式的设计服务创作作品。因着这样的思考，他们最终选择了相对宽松的创作氛围、以专业化的工作室模式来实现他们对建筑的理解和追求。

基于他们丰富的项目经验，"大小建筑"力求体现设计和建造的完成度，将设计服务贯穿项目全过程。通过负责项目的全过程设计，以及包括室内设计、设计顾问管理等衍生服务，最终体现建筑师作为项目的灵魂作用。

　　基于他们大型项目的设计背景，"大小建筑"着力于建筑师对于项目的整体把控，追求成熟的设计理念与建筑技术相结合，尤其是在专业化细分的规模和技术条件下，加强专业和跨专业的技术交流和支持势在必行。

　　所以，又因着这一缘由，以"大小建筑"为发起单位，组成了包括建筑、结构、幕墙、BIM、室内设计和灯光设计等核心单位，并开放式地结合了一些设计合作伙伴，形成了一个以设计交流为基础的联盟——"大小联盟"。这一联盟从成立之初即被塑造为一个专业事务所之间的交流平台，联盟成员间给予相互技术支持，通过联盟的技术交流使事务所的"技术血液"得以不断的更新，以此来保持事务所的活力和竞争力。

　　"大小联盟"的具体操作则以开放式、定期化的论坛方式加以推进。从 2013 年 3 月 26 日起，已成功举行了四场联盟论坛，以跨专业的形式总结专业理论，辐射技术信息，提升成员之间的彼此理解。

　　本书的出版无疑是"大小建筑"及其团队近期工作和成就的记录，从中我们不难发现他们的热情、坚守以及专业精神下的品质。当然，他们正在步入创作的黄金阶段，我们有理由进一步的期待……

支文军

同济大学建筑与城市规划学院 教授 / 博导

《时代建筑》杂志 主编

同济大学出版社 社长

目　录
CONTENTS

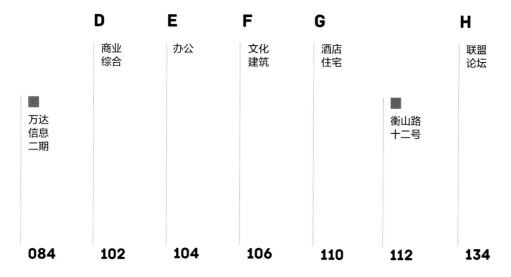

大小建筑联盟
SLA UNION

A

大建筑，小建筑

大小建筑设计联盟之溯源

文 / 李瑶

建筑师的设计视界，随着国家基础设施建设的投入和房地产行业的急速发展，发生着颠覆性的改变。从来自于杂志网络媒介的学习到与大师的并肩合作；从小体量的住宅、公建项目到航母级的作品，建筑的思维发生了显著的变化，由追求国际化潮流向更多的地域特色转换。

本人的设计历程经历着同样的改变，从初期专注于最新建筑风尚的学习领会；之后经历了两年访日建筑师历程，在东京大厦、半岛酒店等项目实践中关注更多设计与经济有效性的平衡；再到中央电视台新台址工程合作设计中专注于寻求空间与建筑的精神；而后有幸在唐韵山庄、印度钻石塔、能达大厦等不同类型的区域大型建筑中尝试个性化的设计实践。

在重新审视自己的建筑实践之际，努力寻求在"大建筑"以外的更广泛的想法，寻找"大建筑"与"小建筑"的契合点。2011年9月，与几位同道好友怀揣着共同的建筑理想，创建了"大小建筑"设计事务所，在营造更为自由的创作和管理模式的过程中，追求着"小而精致、大至精彩"的原创精神。

在大小建筑运行的过程中，以完善全面的建筑技术标准为目标，汇聚了一批有着相同理想的专业顾问团队，既为设计的深度和品质提供了技术支撑，也增加了专业间的互补性，为全过程的建筑设计提供全面技术交流和技术保障。

大小建筑联盟由此孕育而生。

联盟成员
UNION MEMBERS
&EXPERTS

联盟成员：

建筑设计

结构设计

幕墙及 BIM 设计

灯光设计

室内设计

· · · · · ·

其他合作伙伴：

上海中建建筑设计有限公司

· · · · · ·

SLASTUDIO

地址：上海市恒丰路 568 号恒汇国际大厦 906 室
邮编：200070
电话：021-32261209-0
传真：021-32261016
电邮：sla_shanghai@126.com
主页：http://www.sla.net.cn

上海大小建筑设计事务所有限公司

　　大小建筑设计是一家由数位资深设计师组建的富有经验和创意的设计公司。设计作品屡获嘉奖，在包括酒店、办公等城市综合体设计中，表现了成熟完美的设计理念。在设计过程中，注重项目的环境因素，将设计理念和客户的愿景充分结合；通过全过程的设计控制，注重对细节的关注和刻画，完整地体现设计理念，以"小而精致、大至精彩"的原创设计精神创作不同类型的设计作品。

青海藏文化博物馆

通州富都国际广场

南通智慧之眼

宜兴和桥步行水街

地址：上海市芷江中路 258 弄 1 号 702 室
邮编：200071
电话：021-56329390
传真：021-56329390
电邮：easy_design@163.com
主页：http://easydesign.vicp.net

上海易赞建筑设计工程有限公司

　　上海易赞建筑设计工程有限公司是由一群充满激情（Energy）、执行力（Activity）、亲和力（Smiling）的年青人（Younger）组建而成的新兴团队。

　　上海易赞建筑设计工程有限公司创建于 2005 年，主要从事工业与民用建筑设计、建筑工程设计咨询等方面的服务，是一家发展中的具有现代化设计管理理念、综合设计素质高、各类技术力量强的新兴建筑设计企业。公司拥有完善的现代化办公设备和全新的设计管理方式。

　　上海易赞公司的成员多来自国内著名的大型设计单位，曾经参加过许多大型工程的设计工作，其中包括：上海环球金融中心、上海南站、虹桥交通枢纽、科威特亚奥理事会综合项目等。上海易赞公司成立以来，已经完成国内外结构设计咨询项目 30 余个，其中海外项目包括：日本仓敷公民馆项目、日本新日铁健康中心、卡塔尔大厦、卡塔尔多哈展厅项目、科威特机场控制指挥中心等，有着丰富的涉外工程经验。并与中建、中冶等几家大型总承包公司建立了良好的长期合作关系，承接的国内项目有：嘉定马陆综合项目、轨交 11 号线昌吉路站综合项目、绿城上海唐镇项目、上海环球大厦配套工程、成都 339 钢结构项目、沈阳浑南住宅项目、南通智慧之眼项目等。公司业务涉及结构方案设计、结构咨询及设计（工程设计、补强设计、结构造价概算、抗震静力弹塑性分析、动力时程分析等）、结构施工图设计及 BIM 设计等多个领域。

　　客户至上的理念是驱动我们团队不断前进的重要因素，是我们想象力的原动力，它帮助我们实现概念和构思。我们与各行业精英合作，实现了品牌的最优化组合，这也被我们许多的客户予以认可和赞许。我们仔细聆听客户的每一个意图和渴望，这使我们构思出一个接一个的既独一无二又富有想象力的设计。我们正在且将要做的是把设计服务做到每一个细节上。

　　我们的愿景："和喜欢的人一起做喜欢的事。"

成都 339 项目

卡塔尔大厦

科威特机场控制指挥中心

EFC⁺

地址：上海市杨浦区大学路 248 号 601 室
邮编：200433
电话：021-55661500
传真：021-55661530
电邮：info@efc-design.com
主页：http://www.efc-design.com

EFC 上海创羿建筑工程咨询有限公司

　　EFC 上海创羿建筑工程咨询有限公司于 2008 年注册于中国上海，得益于大陆地区的经济发展及 EFC 在东南亚及澳洲团队的支持，EFC（上海）从成立至今，获得了长足的发展与骄人的业绩。在短短的数年之内，成为了建筑幕墙设计、咨询领域以及 BIM 咨询领域的领军顾问公司之一。

　　EFC（上海）现有设计人员 30 人，主要负责建筑幕墙及 BIM 的设计及咨询工作。2008 年成立至今，咨询业务遍布中国珠三角、长三角、京津塘、西南片区等地区，同时，在东南亚、澳洲、中东地区也有相应的发展。大量的项目和业绩的积累也为 EFC 成为顶尖的设计团队奠定了坚实的基础。

武汉水游城

南京河西 A 地块、B 地块、C1 地块

上海中心

LUCENT - LIT CO ltd
路盛德·灯光设计

地址：上海市虹口区大连西路 281 号 1 楼
邮编：200081
电话：021-55157071
传真：021-65071830
电邮：design@lucentlit-design.com
主页：http://www.lucentlit-design.com

上海路盛德照明工程设计有限公司

　　上海路盛德照明工程设计有限公司成立于 1995 年，公司成立至今承接了相当数量的照明工程设计项目，并提供全面的灯光设计服务，设计范围涵盖星级酒店、商业中心、大型文化演艺中心、精品专卖店、大型游艺场所、商务楼宇等。

　　路盛德提供全面的灯光设计服务，设计范畴涵盖从建筑初期的灯光概念设计、照明概念设计，到施工期间的灯具布置图、调光回路图、调光系统设计以及后期现场对光、调光系统的调试等。

　　路盛德的设计师们，各均具有不同学历背景，其中包括：建筑灯光设计、室内设计、房屋装潢、表演艺术等。通过各方面的审美角度，给予所服务的项目最富美感的设计。同时在设计选用的产品上也尽力为项目业主推荐切合实际、预算合理的方案，致力于节能环保，使得设计具有内、外价值。

唐韵山庄

特立尼达和多巴哥国家艺术中心

地址：上海市黄浦区汉口路 300 号 25 楼
邮编：200001
电话：021-63731988
电邮：hyland_id_studio@163.com
主页：http://www.goldmanid.com

GMID 上海高美室内设计有限公司

　　上海高美室内设计有限公司创建于 1993 年,致力于为各大地产商及酒店投资商提供专业优良的服务,擅长酒店、商业中心、销售中心、会所、样板房的精装修设计。

　　GMID 由一群独具创造力和想象力的室内设计师组成, 现拥有 40 多名长期从事室内设计的专业人员。以"系统管理求严,技术创造求新"作为人才资源管理理念,以广阔的职业发展空间和宽松的文化氛围培养设计人才。GMID 积极开拓国际同行合作,构筑设计咨询技术平台,众多项目经验的积累使得团队掌握了充分的专业技能及市场资讯,使设计成果得以最大程度体现先进性、经济性、合理性。

　　"专业,细致,领先"是企业的服务宗旨。公司服务过的主要客户有: 锦江酒店管理集团、法国雅高酒店管理集团、喜达屋酒店管理集团、金地地产、星浩资本、万科、招商地产、保利地产、保利置业、厦门建发、证大置业、上海地产等。多年经营使公司业务遍及中国,在上海、杭州、西安、南京、青岛、大连等大型城市创作完成了大量设计作品。

上海海仑索菲特酒店

建发憬墅

上海大小建筑设计事务所有限公司

李瑶

主持建筑师
一级注册建筑师
第七届中国建筑学会青年建筑师
上海市勘察设计行业协会"具有大师潜质青年建筑师"

出于对各自专业的热忱，基于在项目合作中产生的默契，几位同道好友构建了大小建筑设计联盟这一以技术交流为基石的专业平台。
设计联盟起步伊始，论坛正以双月期的方式逐步展开，希望以我们的小举措迎来更多的同行者分享。

上海大小建筑设计事务所有限公司

吴正

设计总监
一级注册建筑师

当一群有着理想和追求、有着共同目标的志同道合者坐在一起的时候，这个联盟就自然而然地孕育而生了。追求技术的先进性、美观的时尚性、经济的有效性以及专业的互补性是我们联盟的共同目标。"什么是公司的生存之道？"我想应该是"技术"，作为奋战在设计第一线的我们，当拥有了不断更新的"技术血液"，我相信我们将更加自信和勇往直前……

上海易赞建筑设计工程有限公司

徐朔明

设计总监
一级注册结构工程师
高级工程师

第一次参加联盟论坛，感觉这里像课堂。借此机会让我了解各专业的新动态、新技术和新成果。
第二次参加联盟论坛，感觉这里像舞台。联盟不同专业成员展示各自最新的案例，精彩纷呈。
第三次参加联盟论坛，感觉这里像化学场。各专业的对话，不断碰撞出智慧的火花。这让我对每次联盟论坛都充满了期待。
最后祝愿联盟成员互相帮助、互相提携、不断进步、共同成长。

EFC 上海创羿建筑工程咨询有限公司

尹佳

总经理

成长过程中对于外界的各种好奇和乐于探索的个性成就了"万金油"的我。巧合的是其实建筑外墙本身也是一个需要"万金油"的领域，于是乎，从 2001 年起开始了我个人的奇妙旅程。

EFC 上海创羿建筑工程咨询有限公司

张杰

研究生阶段，便开始探索幕墙的我有着对幕墙工程敏锐的洞察力和炙热的追求，十多年的历练和研究成就了我对建筑外墙的深刻理解及在设计过程中的逐渐升华。

设计总监

上海路盛德照明工程设计有限公司

史立

生于上海的 70 后人士。起初抱有对体育事业的热忱，80 年代曾为游泳健将。传承于母亲的舞台灯光血缘，90 年代起投身路盛德灯光设计，致力于建筑灯光设计，向理想目标继续前进。基于好友们对技术的热忱，感受到联盟的氛围，加入其中并享受专业间相互回馈的乐趣。

项目总监

上海路盛德照明工程设计有限公司

杜志衡 （中国香港）

于香港演艺学院舞台灯光设计毕业前后，成立灯光工作室成为自由身工作者。受国内建筑氛围感召，加入路盛德灯光设计致力于建筑与室内外灯光设计，尝试以舞台灯光概念，融入建筑灯光实践当中。在联盟中，将灯光设计的感悟在论坛和实践中与同道们分享，品味各专业技术交融的喜悦。

设计总监

上海高美室内设计有限公司

邱定东

心若大，世可小。

2013 年 4 月，一群心大者摇旗汇聚，意欲寻谋联合平台。当即一拍即合扯旗立幡，大小建筑联盟就此落地。从此，搭台唱戏，论坛论题，交流学习，不胜繁荣。

设计行业发展至此，专、精、高效乃绝大多数设计企业之追求，然小身材又如何大能量？唯互补联合。我想这就是我们成立联盟的初衷。当今任何单一专业欲孤立发展几乎都很艰难。历次论坛技术学术交流，出席者既有专业人士又有开发商代表，虽然大家关注角度不同，但均有一个共识，就是如何创作出建筑精品。

小为专，大为盟，"大小"二字意义谓此！

设计总监

大小案例
SLA PROJECTS

C

智慧之眼

项目名称：南通智慧之眼
地　　点：江苏南通经济技术开发区能达商务区
业　　主：江苏星湖置业有限公司
类　　型：办公
建筑面积：69 427m²
设计阶段：方案设计/初步设计/施工图设计
设计时间：2011-2013年

　　南通智慧之眼项目是由江苏星湖置业有限公司投资以金融商业办公为主的甲级办公楼。项目基地位于南通技术开发区核心区域，北邻能达大厦，南承润华国际大厦和财富大厦，是对整个商务区区域功能业态的补充和完善。

　　设计立意取意于"智慧之眼"，通过简洁流畅的造型，先进的绿色节能概念，表现独特的建筑风格。立面造型设计结合功能设计，表现承载与传承文化的"卷轴"理念，喻意"智慧内敛，智珠在握"，与智慧之眼的主题对应贴切，以柔性的线条和流畅的空间激发人们无尽的灵感与想象。

能达开发区中心组合效果图

区域鸟瞰图

起源

区位效果图

项目地块位于南通能达商务区核心区南北中轴线景观河道两侧，北临市民广场，南承润华国际大厦、财富大厦，区位优势明显。本项目主要为了能达中心区的承接和发展，也是区域功能金融办公上的补充完善。希望在设计上有效地形成视觉通道，完善能达广场前的格局，形成一主两辅的三足平衡关系。

体量分析

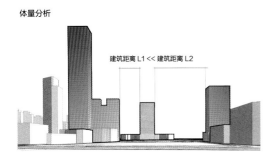

建筑距离 L1 << 建筑距离 L2

建筑落差

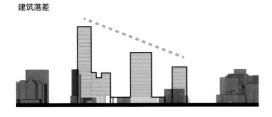

视线阻碍

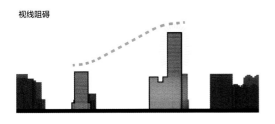

天际线

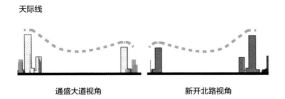

通盛大道视角　　　　　　　新开北路视角

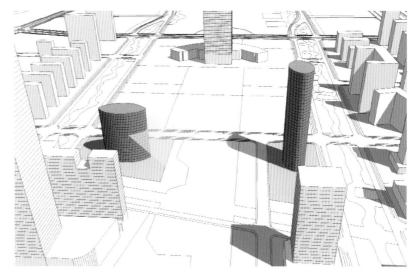

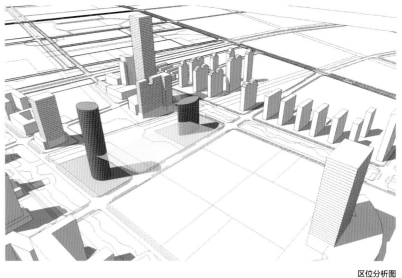

区位分析图

　　能达大厦位置后移使商务区核心区域规划面积扩大，和润华国际大厦及财富大厦三者距离相对松散。由星湖大道北眺，核心区内的高度落差较大。润华板式住宅的背立面，对景观视线形成极大的阻碍。润华 250m 的主塔下半部被遮挡，挺拔的形体被打断。从通盛大道视角和新开北路视角看，高度落差大，平衡性差。

　　综上所述，建筑高度在西地块中并不能产生显著的效果，相对的建筑面宽对于改善北向的视觉感受起到了关键作用。板式的建筑形体更适合西地块。结合东西地块的优势形体，复合体量对应关系，形成一板一塔、一点一线的格局，以多样的布局创造整个核心地块的平衡感。为了降低南侧润华国际大厦住宅楼对本大厦的视线干扰，采用了面向中心景观的椭圆建筑形体，最大程度地获得主要景观。

总平面图

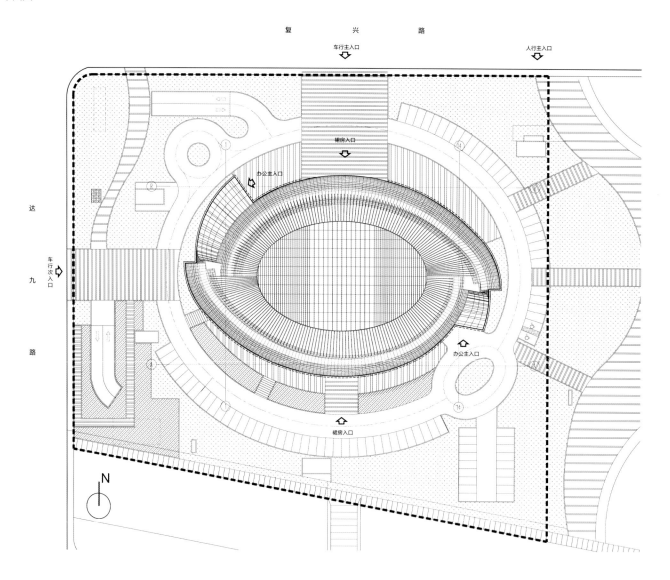

复 兴 路

车行主入口

人行主入口

裙房入口

办公主入口

达

九

路

车行次入口

办公主入口

裙房入口

N

基地环境

　　智慧之眼项目用地紧邻南通经济开发区总部大楼，位于总部大楼南侧，属于开发区核心CBD区域，地块交通便利。其北侧为复兴路，西侧为达九路，东侧南侧为景观水系。基地用地南北进深约136m，东西面宽约144m，用地规整。地块四周均有良好的交通面及良好的景观面。

建筑平面设计

　　塔楼一层东西侧为办公主入口，北侧为裙房入口。办公塔楼入口前厅空间为多层通高的书卷式造型，表达甲级办公楼的气质与形象。交易大厅两层通高。塔楼采用双芯筒的布局方式，南北两侧各一个半圆形的核心筒，每个核心筒内设有5部电梯及1部消防电梯，以满足办公室人流需求，核心筒之间引入中庭空间，以绿色办公的理念来提升整个办公场所的品质。一层为公共展示厅及多功能厅，二层为会议厅，十六层为企业家会所及相关配套。地下室为停车场、设备用房、员工餐厅及厨房。

建筑造型设计

　　本项目立面造型为椭圆形，简洁干练，两侧入口前厅的书卷形中庭空间层层收进对椭圆形体进行完美的切割雕琢；外幕墙以金属装饰板和玻璃幕墙为设计元素，通过金属装饰板和玻璃的对比做到虚实结合，外挑横向金属装饰板有序的错落变化更好地凸显出主体建筑横向脉络的肌理、灵动的质感和流畅的现代感。

智慧之眼黄昏效果图

幕墙效果及划分分析

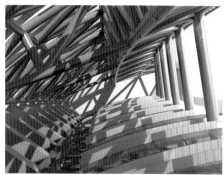

幕墙结构效果

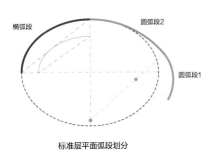

椭弧段

圆弧段2

圆弧段1

标准层平面弧段划分

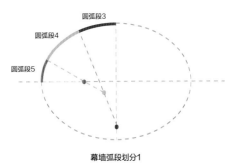

圆弧段3

圆弧段4

圆弧段5

幕墙弧段划分1

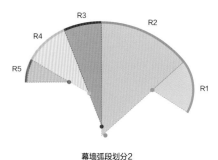

R3

R2

R4

R5

R1

幕墙弧段划分2

按圆弧等分是最简单的方式，玻璃的竖向线条是上下贯通的，能充分地表现立面效果，但是这样会产生大量的玻璃尺寸，简单计算就有5（圆弧的数量）×16（建筑的楼层数）×3（每段玻璃再划分为三段）=240种玻璃尺寸，每层由15种尺寸的玻璃组成。

从经济性考虑将采用平板玻璃拟合双曲面，但由于椭弧段等分后的线段与上部等分后的线段不平行，无法形成平板玻璃的分段，所以将椭弧段用三段圆弧去拟合。

这样标准的平面就化解为5段弧的拼接，简化接下来的划分工作。

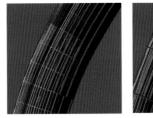

幕墙弧线软件效果

5F划分结果

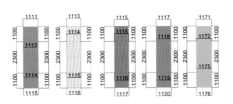

5F幕墙单元尺寸

	1111（1110）×1100	1114（1113）×1100	1115×1100	1118（1117）×1100	1172(1171)×1100
上尺寸	1111（1110）×1100	1114（1113）×1100	1115×1100	1118（1117）×1100	1172(1171)×1100
个数	12	20	11	9	4
中尺寸	1114（1111）×2300	1115（1114）×2300	1116（1115）×2300	1119（1117）×2300	1175(1172)×2300
个数	24	44	18	21	11
下尺寸	1115（1114）×1100	1115×1100	1117（1116）×1100	1120（1119）×1100	1176(1175)×1100
个数	12	24	7	12	7

5F幕墙单元数量统计

16F划分结果

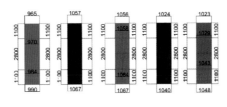

16F幕墙单元尺寸

	970（965）×1100	1059（1057）×1100	1058（1056）×1100	1027（1024）×1100	1023(1029)×1100
上尺寸	970（965）×1100	1059（1057）×1100	1058（1056）×1100	1027（1024）×1100	1023(1029)×1100
个数	12	20	11	9	4
中尺寸	984（970）×2300	1065（1059）×2300	1064（1058）×2300	1036（1027）×2300	1043(1029)×2300
个数	24	44	18	21	11
下尺寸	990（984）×1100	1067（1065）×1100	1067（1064）×1100	1040（1036）×1100	1048(1043)×1100
个数	12	24	7	12	7

16F幕墙单元数量统计

轴测图

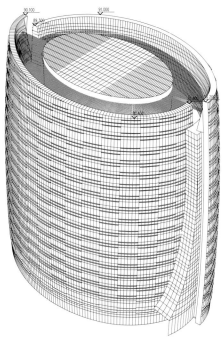

东南角轴测图

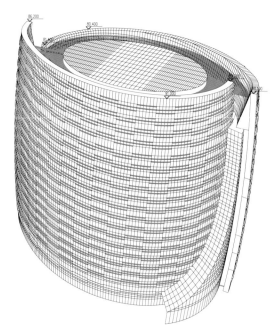

西北角轴测图

北立面图

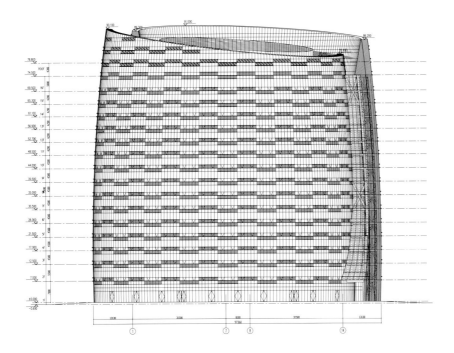

剖面图

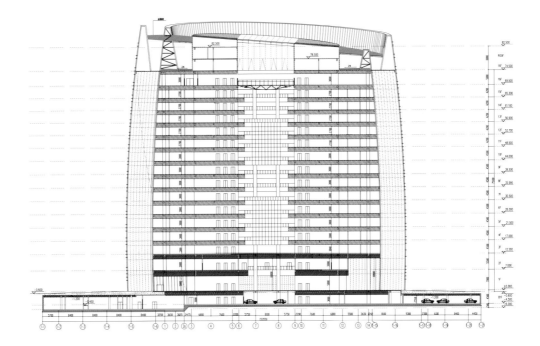

中庭透视效果图

平面图

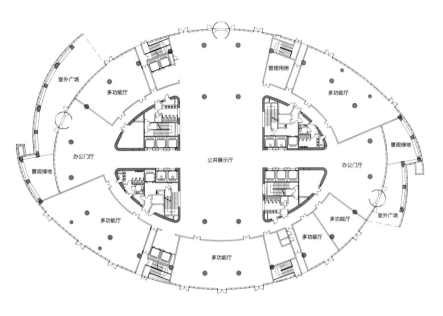

一层平面图

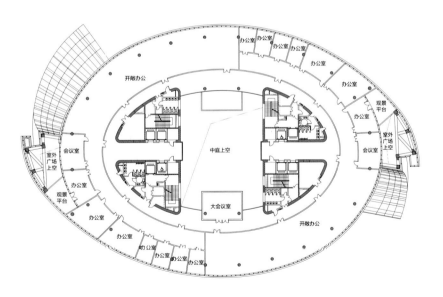

标准层平面图

结构选型&核心筒

文 /徐朔明 曹嘉隽

1. 结构选型

1.1 基础及地下室

本工程基础采用桩基+筏板的基础形式，桩基础分为承压桩和抗拔桩。其中，塔楼区域承压桩的桩型拟采用Φ600（壁厚130mm）的混凝土预应力管桩（PHC桩），桩尖持力层为⑨层粉土层，桩长36m，单桩抗压承载力特征值2 000kN，单桩抗压极限承载力标准值4 000kN。承压桩穿越⑤、⑦层土，施工有一定难度，需注意分析沉桩方案。车库区域抗拔桩拟采用450mm×450mm的预制钢筋混凝土方桩，桩尖持力层为⑤粉砂夹粉土，桩长12m，单桩抗拔承载力特征值410kN。

底板和侧壁均采用C40防水混凝土，抗渗等级P8。塔楼下筏板厚度为1 000mm，车库地下室筏板厚度为500mm。侧壁厚度为300mm。地下车库采用钢筋混凝土框架梁板结构，顶板厚度180mm。

为解决塔楼和地下车库之间的沉降差，结构设计在塔楼和车库之间设置沉降后浇带。另考虑到地下室长153m，宽121m，结构设计在地下车库区域设置若干施工后浇带，以解决混凝土的伸缩变形。

1.2 上部结构体系

本工程地上建筑高度为75.1m，属高层建筑。地上部分采用钢筋混凝土框架－筒体结构，楼板采用现浇钢筋混凝土楼板。

本工程塔楼平面呈椭圆形，从第五层起逐层内收。在平面内圈设有钢筋混凝土核心筒，外圈为钢筋混凝土框架结构。内圈筒体分左右两侧布置，在左右筒体之间，建筑设计布置了挑空的中庭空间。左右筒体间距19.6m，中间仅通过上下两侧的框架和楼板进行连接。

在筒体外侧，原本建筑沿椭圆周边布置了内外双层框架柱，框架梁沿椭圆法向和径向布置，次梁沿椭圆径向布置。这种布置方式对于结构来说并不经济合理，而且内圈的框架柱又使建筑平面布置的灵活性大打折扣。

于是，与建筑师协商后取消了内圈框架柱的设计方案，框架梁直接连接于核心筒。并且在此基础上，调整次梁沿椭圆法向布置。这样，在保证结构安全性得到满足的基础上，也使建筑的布局更为灵活多样，房间分割面积更大，内部视野也给人更宽阔的感觉。事实证明，在调整为外圈框架柱+核心筒这一结构布置后，主次梁平面布置更合理，梁柱截面更经济有效。

1.3 东西侧入口桁架

在塔楼平面的两翼建筑设计布置了入口大厅。结构设计根据幕墙支承的需要，设置了米字格形式的斜撑。两侧的米字格斜撑在平、立面上均结合了建筑外墙的双曲面造型，并每隔4层设置水平斜撑，以加强整个支撑体系的侧向稳定。

对于结构来说，两翼的米字型斜撑，属竖向布置不规则类型，加上本工程塔楼在平面中央有个挑空的中庭空间（外楼板有效宽度小于50%），属平面布置不规则类型。

如果考虑以两翼斜撑来抵抗偶然偏心下的扭转位移比不大于1.2的要求，则需要投入较大的结构成本，包括加大梁柱和斜撑的截面，提高混凝土标号等处理方式。同时，还会影响建筑立面的美观。

在考虑了整个主楼主次关系以后，我们认为：两翼斜撑对于主楼来说更象是次要的辅助结构，若把它作为钢结构的幕墙支承体系来考虑的话，两翼斜撑可独立于主楼结构设计之外。这样，对于主楼来说，也就无需考虑满足扭转位移比小于1.2的要求。主楼的结构设计可以更经济、更科学，建筑造型也更美观。

2. 核心筒设计

本工程核心筒的平面形状呈椭圆形，分为左右两侧布置。左右筒体又分为上下两个1/4椭圆形状的小筒体。

由于核心筒的墙体布置并不是完全意义上的左右对称，且核心筒相对于周边框架部分有较强的刚度，在把两边幕墙支承部分独立出去后，经过SATWE分析发现，主楼的扭转振型出现在第二周期，且不能满足周期比小于0.9的要求。

结构设计希望通过调整结构布置，提高结构的抗扭刚度，以期把扭转振型退至第三周期或更后。于是，结构设计减少了核心筒内部的小墙体，并削弱了中间墙体的刚度，使两侧核心筒墙体尽量上下左右对称布置。经过这些调整，尽管核心筒的剪力墙布置有了较大改变，但对建筑布局几乎没有影响。并且，使扭转振型顺利地退到了第三周期，周期比也满足了规范要求。

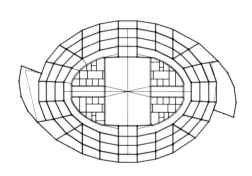

内外圈双层框架柱平面布置示意图

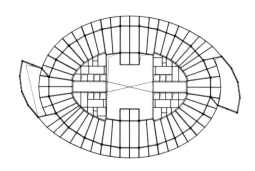

外圈框架柱平面布置示意图

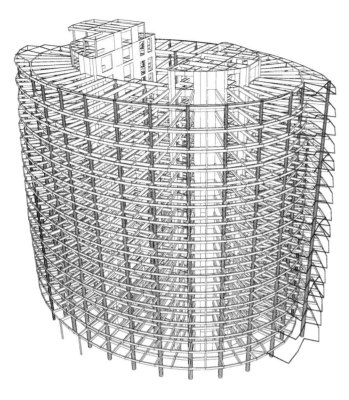

内部结构三维线图

结构参数

1	建筑结构安全等级	二级
2	地基基础安全等级	乙级
3	桩基安全等级	乙级
4	人防抗力等级	六级
5	设计使用年限	50 年
6	抗震设防类别	丙类
7	抗震设防烈度	7 度
8	设计基本地震加速度	0.10g
9	设计地震分组	第二组
10	水平地震影响系数最大值	0.08
11	场地类别	Ⅲ类
12	地基土液化等级	不液化
13	特征周期	0.55g
14	基本雪压	0.50kN/m²
15	基本风压	0.50kN/m²
16	地面粗糙度	B
17	风荷载体形系数	1.3
18	结构类型	混凝土框架－核心筒
19	抗震等级	3 级（2 级）
20	长宽比	1.77
21	高宽比	1.44
22	混凝土结构的环境类别	地下室二 b，其他一类
23	阻尼比	5%
24	地下水位	高水位：0 低水位：－1.5
25	周期折减系数	0.8

3. 上部结构计算

本工程结构设计中，采用了高层建筑结构空间有限元分析软件SATWE进行分析计算。计算中考虑了扭转耦连效应。考虑到本工程平面中央均有较大开洞，有效宽度小于50%。因此，分别采用了"全楼强制刚性楼板"和"非强制刚性楼板"两种假定进行计算，其计算结果均满足规范要求。

主要电算结果分别如下表所列：

计算软件		SATWE	SATWE
假定		全楼强制刚性楼板	非强制刚性楼板
结构自振周期 / S T1/T2/T3		1.45(X)/1.41(Y)/1.22(T)；T3/T1=0.84	1.46(X)/1.43(Y)/1.27(T)；T3/T1=0.87
地震作用	倾覆弯矩/(kN·m) X向	1 142 402	1 136 987
	倾覆弯矩/(kN·m) Y向	1 171 413	1 158 734
	基底剪力 / kN X向	25077	24892
	基底剪力 / kN Y向	25254	24678
	剪重比 / % X向	3.41	3.38
	剪重比 / % Y向	3.43	3.35
	层间位移角 X向	1/1 828	1/1 840
	层间位移角 Y向	1/1 802	1/1 903
	层间位移最大值：平均值 X向	1.10	1.10
	层间位移最大值：平均值 Y向	1.20	1.20
	风荷载层间位移角 X向	1/7 319	1/7 281
	风荷载层间位移角 Y向	1/6 823	1/6 711

和桥步行水街

项目名称：宜兴和桥步行水街
地　　点：江苏省无锡市宜兴和桥镇
业　　主：江苏中超地产置业有限公司
类　　型：区域商业中心
建筑面积：42 470m²
设计阶段：方案设计/初步设计/施工图设计
设计时间：2012-2013年

　　设计灵感来自于"阡陌交通"、"小桥流水人家"的江南水乡，并在传统的基调上，赋予时尚面貌。整片区域以多幢低密度建筑布局而成，沿河而倚，形成开放式精品购物街区。庭院和小巷点缀其间，营造出引人入胜的全新格局。

　　建筑提取了传统江南建筑街巷与庭院的元素，通过建筑形体的交错，形成错落有致的空间，赋予建筑独特的外观和个性。立面采用大胆的用色和立体的线条，打造别具一格的空间感。运用可调节角度的陶板格栅，营造丰富的光影效果。引入当地的茶文化和陶文化元素，打造主题式商业，增加文化内涵，吸引客流。

街区鸟瞰图

基地环境

　　本项目位于和桥中心。东至和闸公路，南至海棠路，西至鹅洲东路，北至大树人家安置小区。基地用地呈梯形，南北进深113m，东西面250m。基地周边地块的配套设施较为成熟。南侧为拟建商业综合体，基地中间有河道穿过。

基地总体布局

　　根据地块特征，建筑分南北两块沿河道布置，由平台相连接。商铺之间既相互独立又形成一个整体区域。

　　首层商业主要沿河布置，充分利用景观河道的商业价值，适当加强商业入口，增进商业的人流导引。二层采用丰富的室外平台串联起所有的商业空间，形成环路，交通便利，提升二层的商业价值。三层为持有店铺，以餐饮为主，每两组共享一个交通核。由二层屋顶形成的花园，提升了用餐环境。

景观分析

　　基于"接近自然，回归自然"的绿色生态建筑法则，在基地内部利用现有的河道形成景观绿化和水体。景观水体的引入，可以形成基地内部的"绿肺"，达到对基地内部"微气候"环境的调节，打造舒适宜人的地面环境。同时，富有层次感的水体景观，将成为基地视觉焦点，提升地块的整体品位。基地通过斜向的"广场—水景—建筑"视觉通廊，形成一个完整的景观轴线。

西南主入口透视效果图

建筑体量生成过程

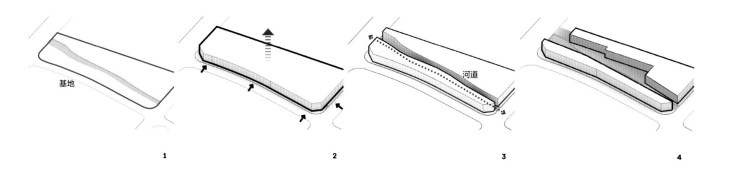

1　　　　2　　　　3　　　　4

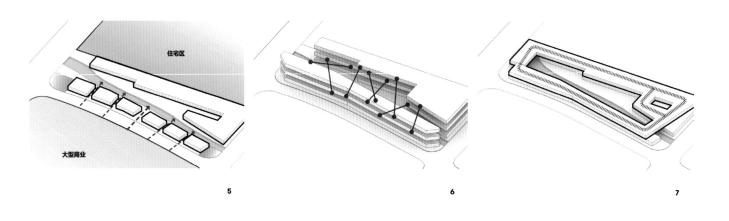

5　　　　6　　　　7

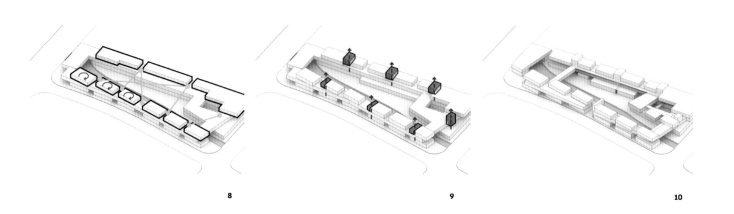

8　　　　9　　　　10

功能分布图

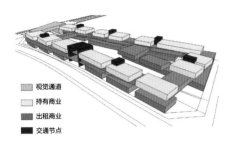

■ 视觉通道
□ 持有商业
■ 出租商业
■ 交通节点

客户体验角度

　　二层产生空间连接，使南北商业的互动更具吸引力，提升顾客的流线通达性。产生回游式空间，使南北商业的互动更具吸引力，并使二层内侧空间同样成为价值所在。在三层的商业空间中，由于步行距离较远，我们选择布置顾客目的性更强的餐饮，结合二层的屋顶平台使每个餐厅都拥有独立的绿化庭院，使交通形式以垂直交通为主。

功能流线图

一层功能流线图

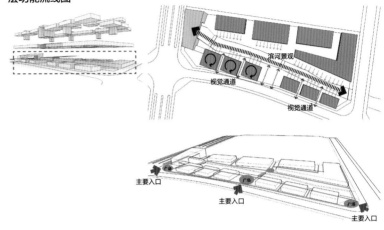

二层功能流线图

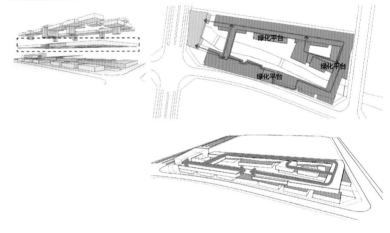

三层功能流线图

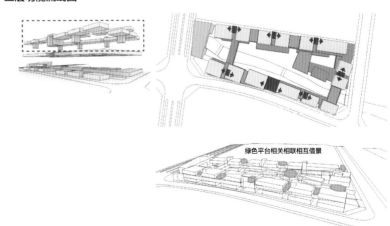

建筑设计元素

宜兴竹韵

元素精炼

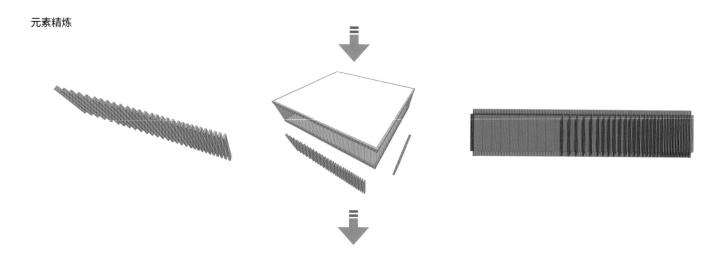

元素展现

整体建筑风格现代简约亦不乏宜兴当地文化韵味及特色。

"水巷"——亲水及景观界面的围绕展开。

"竹韵"——竹林的节奏与韵律感，强化了竖向线条的形象，宜兴盛产毛竹，自古便有"竹
的海洋"之称。所以在建筑立面的设计上因地制宜地融入了当地竹海的自然元
素，竹韵成画，分外俏丽。

"陶色"——陶器的色彩整体统一的渲染，同样强化了地域元素及特色。

"茶形"——茶形的巧妙点缀丰富了建筑形式的细节，增加了文化韵味，造型经过重新演绎，
精巧且不乏现代感。

步行水街即景

竖向陶管遮阳设计

文 / 张杰

建筑表面阳光辐射分析

东立面

夏季

Wh
150000+
138000
126000
114000
102000
90000
78000

遮阳长度为 300mm
遮阳间距为 525mm

遮阳长度为 300mm
遮阳间距为 787.5mm

遮阳长度为 150mm
遮阳间距为 525mm

遮阳长度为 450mm
遮阳间距为 525mm

冬季

Wh
90000+
81500
73000
64500
56000
47500
5000

遮阳长度为 300mm
遮阳间距为 525mm

遮阳长度为 300mm
遮阳间距为 787.5mm

遮阳长度为 150mm
遮阳间距为 525mm

遮阳长度为 450mm
遮阳间距为 525mm

南立面

夏季

Wh
150000+
139000
128000
117000
106000
95000
84000
72000
40000

遮阳长度为 300mm
遮阳间距为 525mm

遮阳长度为 300mm
遮阳间距为 787.5mm

遮阳长度为 150mm
遮阳间距为 525mm

遮阳长度为 450mm
遮阳间距为 525mm

冬季

Wh
140000+
126500
113000
99500
86000
72500
59000
5000

遮阳长度为 300mm
遮阳间距为 525mm

遮阳长度为 300mm
遮阳间距为 787.5mm

遮阳长度为 150mm
遮阳间距为 525mm

遮阳长度为 450mm
遮阳间距为 525mm

遮阳长度为 300mm
竖向遮阳往东旋转 7.5°

西立面

夏季

遮阳长度为300mm　　遮阳长度为300mm
遮阳间距为525mm　　遮阳间距为787.5mm

遮阳长度为150mm　　遮阳长度为450mm
遮阳间距为525mm　　遮阳间距为525mm

冬季

遮阳长度为300mm　　遮阳长度为300mm
遮阳间距为525mm　　遮阳间距为787.5mm

遮阳长度为150mm　　遮阳长度为450mm
遮阳间距为525mm　　遮阳间距为525mm

由东立面分析图可知：
（1）东立面在夏季的时候竖向遮阳间距为787.5mm时，相对于间距为525mm时，阳光辐射增加31%；遮阳长度150mm时，阳光辐射增加30%；遮阳长度450mm时，阳光辐射减少12%。
（2）东立面在冬季的时候竖向遮阳间距为787.5mm时，相对于间距为525mm时，阳光辐射增加26%；遮阳长度150mm时，阳光辐射增加25%；遮阳长度450mm时，阳光辐射减少47%。
（3）夏季，东立面的阳光辐射较冬季较高，冬季则很低。冬季东立面的阳光辐射得热对建筑的节能贡献很小，东立面需要更多考虑的是夏季遮挡尽量多的阳光，因此采用较大的遮阳尺寸与较小的间距较为有利。

由南立面分析图可知：
（1）南立面在夏季的时候竖向遮阳间距787.5mm时，相对于间距为525mm时，阳光辐射增加34%；遮阳长度150mm时，阳光辐射增加23%；遮阳长度450mm时，阳光辐射减少11%。
（2）南立面在冬季的时候竖向遮阳间距787.5mm时，相对于间距为525mm时，阳光辐射增加55%；遮阳长度150mm时，阳光辐射增加55%；遮阳长度450mm时，阳光辐射减少20%；竖向遮阳往东旋转7.5°时，阳光辐射增加25%。
（3）冬季，南立面的阳光辐射较为充足，对降低建筑物的制热能耗贡献很大。夏季南立面的阳光辐射强度较小，因此设计时因考虑冬季尽量多的阳光辐射落在南立面。因此采用较大的间距与较小的遮阳尺寸较为有利。

由西立面分析图可知：
（1）西立面在夏季的时候竖向遮阳间距为787.5mm时，相对于间距为525mm时，阳光辐射增加30%；遮阳长度150mm时，阳光辐射增加30%；遮阳长度450mm时，阳光辐射减少13%。
（2）西立面在冬季的时候竖向遮阳间距为787.5mm时，相对于间距为525mm时，阳光辐射增加55%；遮阳长度150mm时，阳光辐射增加55%；遮阳长度450mm时，阳光辐射减少28%。
（3）夏季，西立面的阳光辐射较冬季较高，冬季则很低。冬季东立面的阳光辐射得热对建筑的节能贡献很小，东立面需要更多考虑的是夏季遮挡尽量多的阳光，因此采用较大的遮阳尺寸与较小的间距较为有利。

结论：
　　宜兴地区东西立面的竖向遮阳条应采用较大的遮阳尺寸与较小的间距，或者可调式遮阳条。南立面的竖向遮阳条应采用较大的间距与较小的遮阳尺寸。

步行水街夜景

总平面图

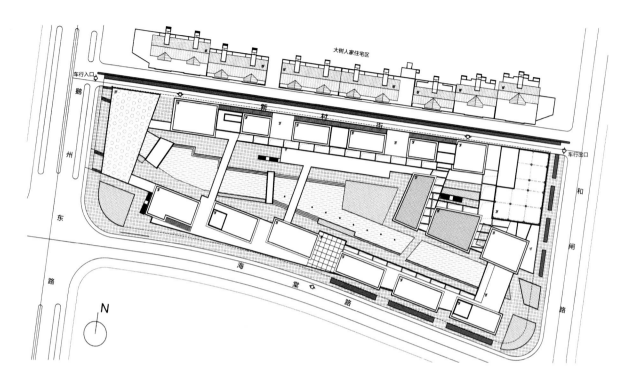

平面图

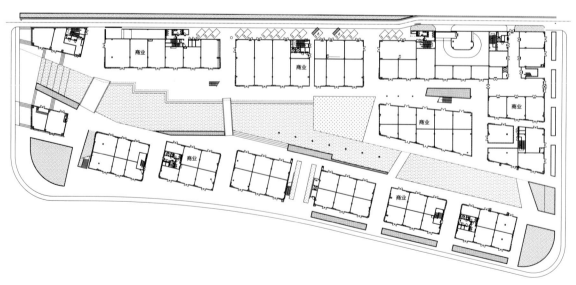

一层平面图

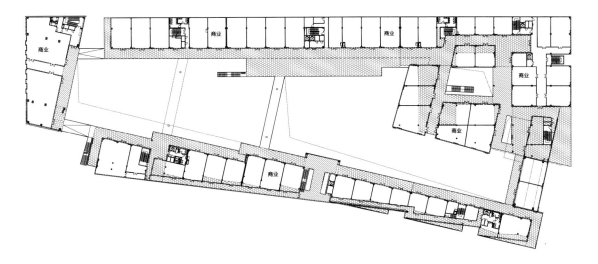

二层平面图

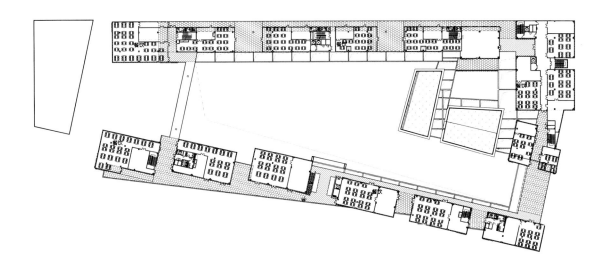

三层平面图

信息总部大厦

项目名称：信息企业总部大厦方案一
地　　点：上海市徐汇区龙腾大道
类　　型：办公
建筑面积：30 000m²
设计阶段：方案竞赛
设计时间：2013年

　　此概念方案以打造全新的"云平台"（Cloud Platform）理念为主题，在滨江沿河这一先天优势景观条件下打造全新的企业氛围。计算机云计算科技产业日益流行，以云计算科技产业为主的信息集团发展迅速。Cloud Altas取自电影《云图》，Atlas是希腊神话中的大力神，支撑着整个地球，而如今，信息技术已成为了推动社会前进发展的必要元素。

　　结合建筑滨江特点，并符合规划整体视觉联通的需要，采用层层悬挑的方式，塑造了视觉的圆弧通道，也极大地提供了办公空间的景观条件。

沿江效果图

建筑形体分析

基本分析

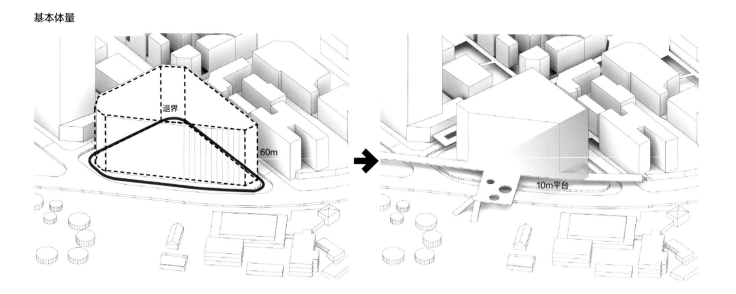

1m

4m

6m

退界

宽5m

高6.5m

宽10m

平台

景观价值分析

40m以上
最佳景观视角

60m

40m

40m以下
最佳景观视角

基本体量

退界

60m

10m平台

经济性与规划

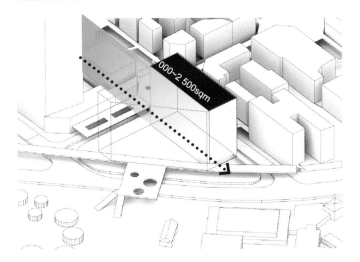

调整视线通道

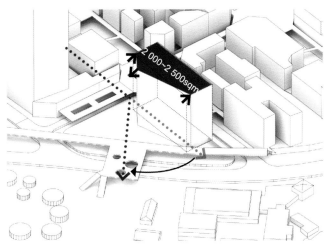

最佳景观视角

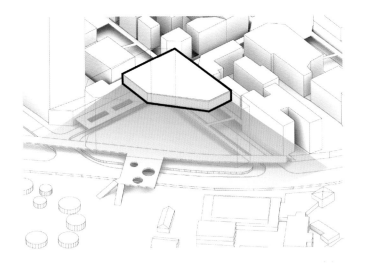

建筑体量的形成

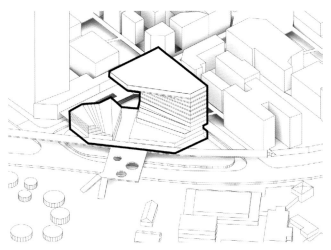

规划分析

应对规划，将视线引导至滨江平台

沿主要通道的建筑满足贴线要求

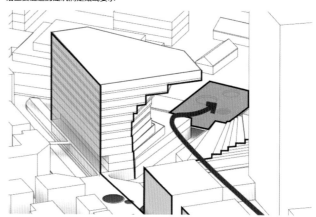

使用分析

单芯筒的布局方式最为经济

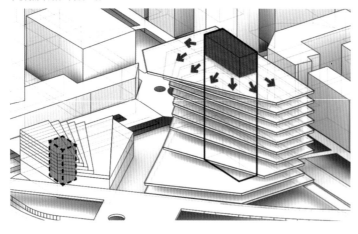

形体的退让创造最佳的景观视线，并形成自然的遮阳

每层平台可俯瞰浦江风景，增加反射光补充办公室照明

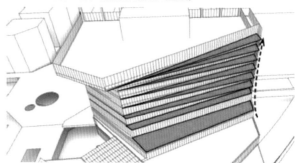

幕墙分析

　　建筑幕墙是有效的保持室内环境舒适度的关键要素。结合优化阳光、景观和自然通风，幕墙也提供阻热及控制日照的功能。设计充分结合了景观性与遮阳性。在南侧保证最佳的景观，西侧拥有一定的遮阳，北侧结合幕墙对对视问题做一定的处理。幕墙在不同的朝向上有不同的对应，主要是为横向遮阳与内部使用空间的呼应而产生。

　　建筑南侧有挑出的平台，为室内空间提供间接照明；北侧室内空间结合横向遮阳；东侧采用双层幕墙，中间布置绿化庭院，对景观性还有室内空间都有良好的效果；裙房幕墙采用石材与金属杆件结合，保持整体感，创造屋顶空间。

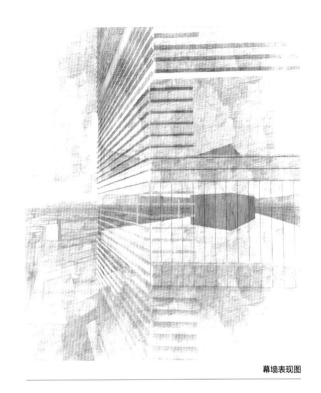

幕墙表现图

局部透视图

景观分析

　　屋顶花园裙房屋面结合草地和灌木提供丰富的屋顶空间。屋顶花园同时提供公共空间用于展览、会面、社交、休闲咖啡等活动。

　　屋顶花园的布局考虑将公共空间连接并引导到滨江的大平台上。林荫道将屋顶花园与交通平台隔开，同时，提供东西方向上的遮阳。商业旁的小花园和广场提供了宜人的购物环境。

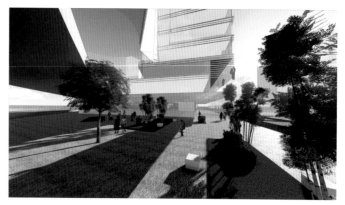

局部表现图

沿江鸟瞰图

项目名称：信息企业总部大厦方案二
地　　点：上海市徐汇区龙腾大道
类　　型：办公
建筑面积：30 000m²
设计阶段：方案竞赛
设计时间：2013年

沿江效果图

建筑形体生成过程

1 单芯筒的布局方式

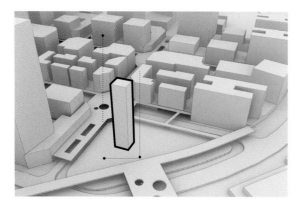

2 抬升整个建筑的体量
经济的标准层面积：2 000~2 500sqm

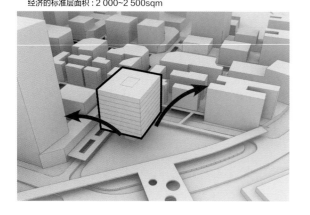

3 更具最佳景观旋转体块，形成平台

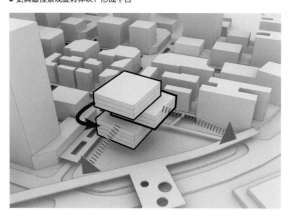

4 沿基地边界布置商业裙房
顶部体量对应业主需求，作为总部办公室与企业会所使用，体量缩小。

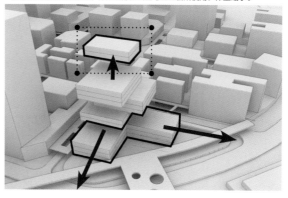

5 中庭空间绕核心筒螺旋上升

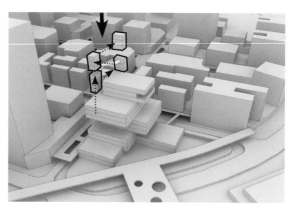

6 建筑坐享最佳景观视角和宜人的东南风

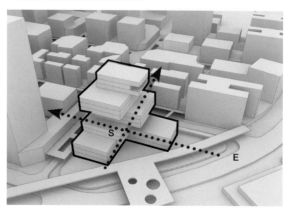

西侧效果图

沿江鸟瞰图

自遮阳设计

文 / 张杰

　　地块接近于三角形，本项目的两个方案均采用了自遮阳设计。本方案设计试图通过合理的体块组合，在夏季最大程度遮挡夏季的阳光，在冬季则尽量多的阳光进入室内，有效营造室内良好的热环境，减低夏季和冬季的空调负荷。

方案一

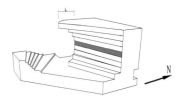

1. 建筑表面阳光辐射分析

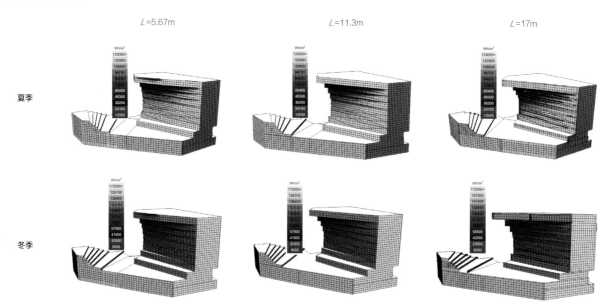

　　西南立面在夏季的阳光辐射很强，而冬天的阳光辐射较弱。虽然顶部悬挑尺寸对西南立面在冬季和夏季的影响范围非常接近，但是冬季该角度西南立面的阳光辐射很小，因此可忽略冬季的影响。从夏季的遮阳的角度讲，该悬挑尺寸做大一些是有利的，同时悬挑方向若能往南偏移，遮挡范围会更大。

2. 阳光遮挡分析

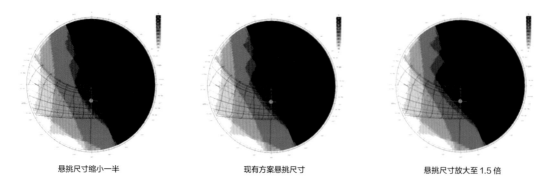

　　对于西南立面中间高度以下的位置，顶部悬挑尺寸的影响很小。该悬挑尺寸影响范围主要是中间高度以上的位置。

3. 年阳光辐射分布

悬挑尺寸　　　　　　　　　　　　　　年阳光辐射分布

L＝5.67m

L＝11.3m

L＝17m

方案二

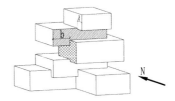

1. 建筑表面阳光辐射分析

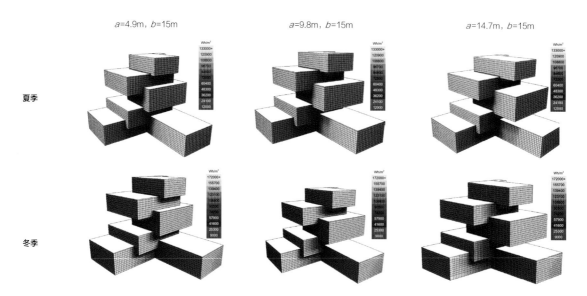

夏季南侧悬挑尺寸对南立面凹入部位的阳光遮挡影响不大，但是冬季影响很大，悬挑 14.7m 时，南侧凹入部位冬季几乎看不到阳光。南侧较短的悬挑尺寸对于冬季争取更多的阳光辐射是有利的，悬挑尺寸为 4.9m 时，悬挑对南侧凹入立面的影响已经很小了。

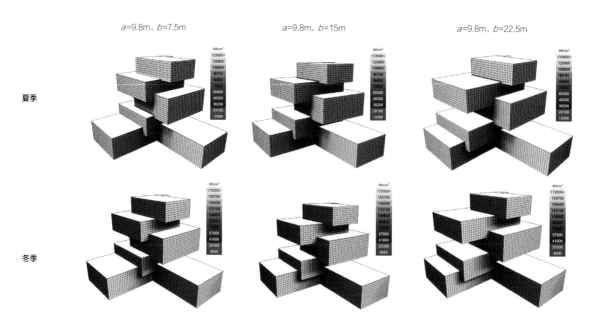

2. 年阳光辐射分布分析

南立面（斜线阴影位置）

a=4.9m，b=15m

a=9.8m，b=15m

a=14.7m，b=15m

西立面（网格线阴影位置）

a=9.8m，b=7.5m

a=9.8m，b=15m

a=9.8m，b=22.5m

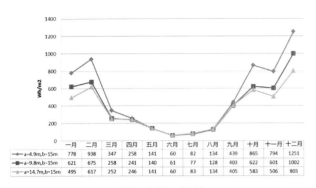

南侧凹入部位年阳光辐射

	一月	二月	三月	四月	五月	六月	七月	八月	九月	十月	十一月	十二月
a=4.9m,b=15m	778	938	347	258	141	60	82	134	439	865	794	1251
a=9.8m,b=15m	621	675	258	241	140	61	77	128	403	622	601	1002
a=14.7m,b=15m	495	617	252	246	141	60	83	134	405	583	506	803

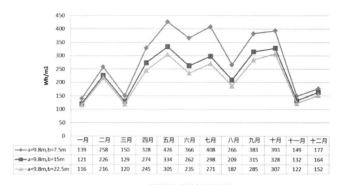

西侧凹入部位年阳光辐射

	一月	二月	三月	四月	五月	六月	七月	八月	九月	十月	十一月	十二月
a=9.8m,b=7.5m	139	258	150	328	426	366	408	266	383	393	149	177
a=9.8m,b=15m	121	226	129	245	334	262	298	209	315	328	132	164
a=9.8m,b=22.5m	116	216	120	245	305	235	271	187	285	307	122	152

冬季西侧悬挑尺寸对西侧凹入立面的影响较小，但对夏季影响较大，当悬挑尺寸达到 22.5m 时，西侧凹入立面夏季的阳光辐射是极少的。较短悬挑尺寸则是不利的，会导致西侧立面夏季增加较多的阳光辐射。

对于南侧不同的悬挑尺寸，南侧凹入部位夏季的阳光辐射量几乎一样，但冬季的差别很大。冬季时，相对于南侧悬挑 14.7m，悬挑 4.9m 的情况南侧凹入立面的阳光辐射约增加 55%。而对于西侧凹入立面，夏季时，相对于悬挑 7.5m，悬挑 22.5m 可减少阳光辐射量约 32%；冬季时，相对于悬挑 7.5m，悬挑 22.5m 可减少阳光辐射量约 16%。

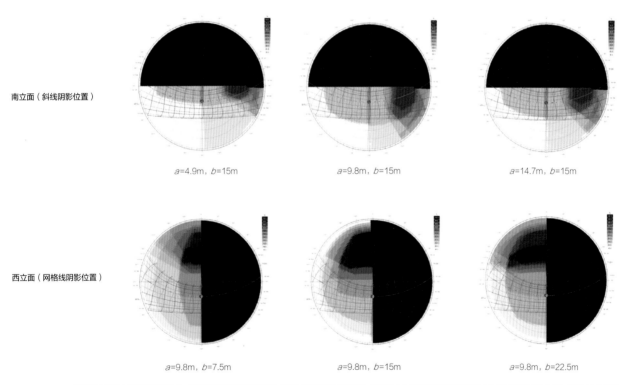

南立面（斜线阴影位置）

a=4.9m，b=15m   a=9.8m，b=15m   a=14.7m，b=15m

西立面（网格线阴影位置）

a=9.8m，b=7.5m   a=9.8m，b=15m   a=9.8m，b=22.5m

南侧凹入立面上午遮挡比下午多，遮挡较密集的时间是 7:00~9:00。南侧悬挑 4.9m 时，南侧凹入立面遮挡最主要的时间是 4~10 月的 7:00~9:00。悬挑 14.7m 时，遮挡最主要的时间是 2~11 月 7:00~9:00。西侧悬挑 7.5m 时，遮挡较多时间在 14:00 以前。西侧悬挑 22.5m 时，遮挡较多的时间在 10:00 以前。

结论

建筑物在规划阶段就考虑利用建筑布局营造建筑阴影，将透明幕墙和人的活动区域有意识地设置在建筑自身形成的阴影区域里，可以大大减少夏季建筑表面直接裸露于阳光下的机会，有效降低夏日阳光辐射对建筑内部环境的影响而产生的能耗，是成本最低的一种节能型遮阳方式。

本项目的方案设计尝试了两种自遮阳的方案，比较了不同朝向的自遮阳效果，得出了有利的节能方案。两种自遮阳方案都属于水平遮阳的类型，且都是利用上部楼层的出挑形成对下部楼层的遮挡关系。由分析可知，在上海地区的自遮阳方案最有效的立面为南立面，南立面上下层只要形成较小的进出关系就可以形成有效的遮挡；而东西立面需要较大的悬挑才能较理想的遮挡下层立面。方案一的南侧悬挑采用较小的尺寸、西侧采用较大的尺寸对建筑的节能最为有利。方案二的悬挑尺寸尽量大，同时悬挑方向往南靠会产生更大的有利影响范围。

能达公园
会务洽谈中心

项目名称：能达公园会务洽谈中心
地　　点：江苏省南通市能达公园
业　　主：能达公园
类　　型：洽谈会务
建筑面积：1 320m²
设计阶段：方案设计/初步设计/施工图设计
设计时间：2012年

　　"在花园中的明珠"成为整个设计的构思源泉，项目位于能达经济技术开发区绿色核心——能达公园的湖泊水域中央。

　　作为开发区绿肺中心的点睛之笔，建筑形式以圆润的椭圆方式与岛屿环境相融合，建筑的部分挑向清清湖面，形成了"明月水中升"的意境。

　　建筑功能主要以会议、洽谈、接待等功能为主。

湖面鸟瞰图

黄昏效果图

玩味空间

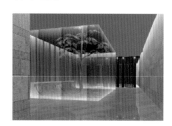

　　临湖观景建筑，于林间湖光之中水乳交融。建筑本体具有鲜明体块感，虚实交错，内外穿插。本案室内设计意图延续建筑语汇表达的同时，探寻空间的趣味性，强化内部空间的层次感。同时兼顾南通地域文化，表达当地 "外敛内显，兼收并蓄" 的建筑风格。最终达成简约朴素与低调奢华的统一。

实的表里
材质统一，朴素简洁的表，体现实的整体感。
层次变换，丰富细腻的里，构成实的内涵，不同的空间体验。
通过洗墙灯带对形体勾勒加强。

虚的层次
通过灯光的反射凸显玻璃层层叠进，强调虚的存在感。阵列的窗扇丰富内部空间以取得与室内风格的统一。

虚实的穿插
阵列的活动旋转门打破连续实体营造半开放式多功能空间，以增加空间的趣味性。

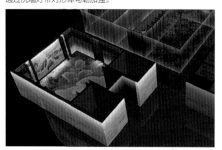

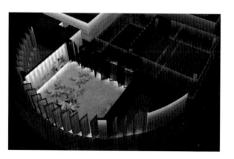

平面图

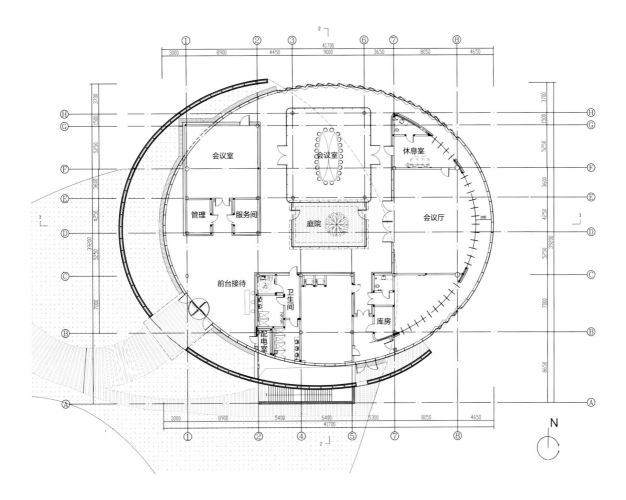

剖面图

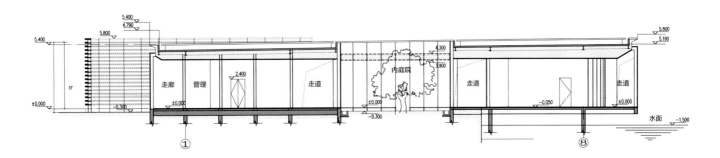

北京银河
财智中心

项目名称：北京石景山银河商务财智中心
地　　点：北京石景山区银河商务区E地块
业　　主：北京上善恒盛置业有限公司
类　　型：办公、商业
建筑面积：87 387m²
设计阶段：方案设计/初步设计/施工图设计
设计时间：2011-2013年

　　设计力求达到技术先进、绿色节能、环境舒适优美、运营高效、智能化的建设目标，成为石景山区CRD核心区体现企业形象的标志性建筑，完善区域城市功能及提高城市空间品质。

　　有效地组织各部分机能，良好地协调周边环境，表达片区的人文特征。真实地表达建筑性质，准确地表现企业形象；恰如其分地契入不同尺度的街区内部，形成严整的街区界面。通过有效的公共开放空间引发积极的人文活动，从而创造出融合于环境的建筑创造。

　　在内部平实的功能基础上，赋予建筑更多的人际交流空间。在与主塔交汇的裙房区域，以开放式的架空广场空间联通基地东侧的绿色公园，并延伸至地下空间。裙房区域以退台的方式形成交流阳台。主楼部分的特色则是以第3至第4层间隔的内部中庭嵌入相接，将开放式的活力植入办公氛围中，形成良好的工作环境，带动工作节奏的改变。

基地环境
　　基地位于北京市长安街西沿线南侧，石景山区政府西南侧。用地北至政达路、南至鲁谷路、西至银河大街、东面为石景山区CRD绿化休闲广场。项目占地面积为12 500m²，地块现状为城市绿地，为南北向长条形，南北向长约143m，东西向长约95m。地块北高南低，最大高差约3.8m。

基地总体布局
　　考虑到基地北侧为长安街，东侧为CRD绿化休闲广场。东北两侧均具备了良好的景观视线。根据使用要求，本项目设计为南北双塔布局。塔楼尽量贴靠建筑退界线，最大程度地拉大南北两塔之间距离，满足消防距离并减弱对视问题。同时遵从城市设计中CRD绿地休闲广场对城区的中心作用，采用将裙房首层架空的方式，将西侧的视线与CRD中心保持贯通，创造开放式的城市空间。塔楼间间距的增加，有效避免了塔楼引起的风洞效应，减少结构抗风投资。

建筑造型设计
　　立求将该建筑建设成为强而有力且优雅的核心区标志型建筑。考虑到区域建筑限高的因素，外立面主要利用陶板饰条强调竖向线条，以增强建筑的挺拔感。与内部中庭空间、景观视线、日照采光相结合，加入玻璃幕墙的元素。玻璃与石材的虚实对比更加丰富了立面的层次。明快又不失稳重，虚实对比，简洁流畅。

南侧效果图

建筑幕墙分析

立面材质区分

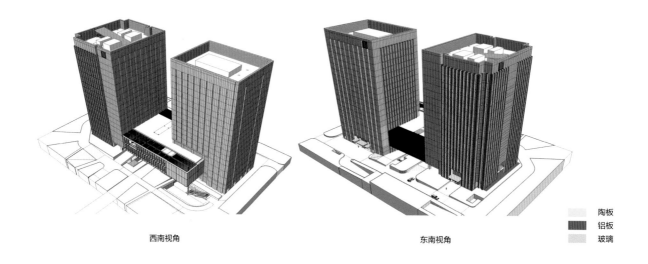

西南视角   东南视角

	陶板
	铝板
	玻璃

幕墙分析

裙房幕墙采用夹片形式，玻璃采用点釉玻璃

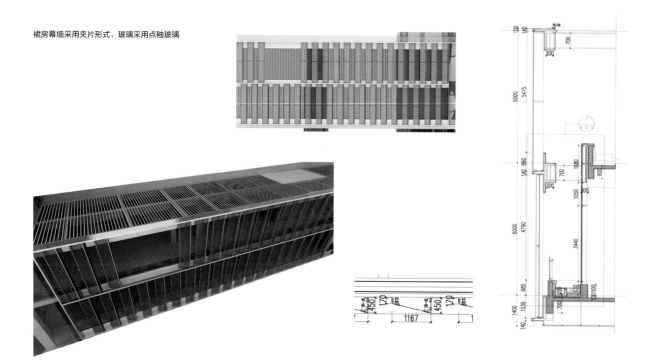

玻璃幕墙采用 6+12A+6mm 中空 LOW-E 安全玻璃

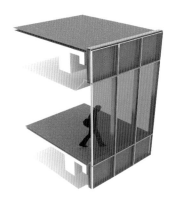
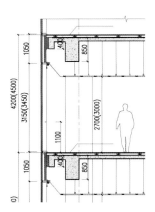

装饰柱正面采用砂岩色陶板，两侧采用铝板并开有通风孔

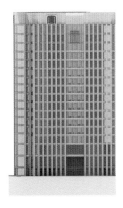

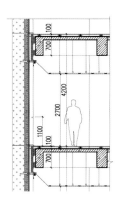
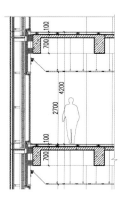

铝板凹槽采用 3mm 铝板及型材，两侧开有通风孔及开启扇

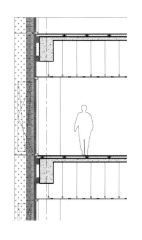
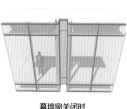

幕墙窗关闭时

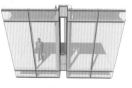

幕墙窗开启时

中心广场引入

结合场地的地形特征，由北至南递减；同时遵从城市设计中 CRD 绿地广场对城区的中心作用，采用将裙房首层架空的方式，将西侧的视线与 CRD 中心保持贯通，创造开放式的城市空间。

建筑环境效果图

架空庭院表现图

绿色生态核

本项目的设计特色在于北塔主楼部分由下至上形成了四四三三的单元格局，每个单元首层为空中大厅，中间楼层设置绿色核心。该空间为会议功能，在其顶部形成员工休憩空间，不但是为了增加空间趣味性，更重要的是区分空间功能层次，在视觉上打造与众不同的视线交汇点，创造良好的工作氛围。

作为区域内甲级办公楼，在中庭空间中布置一些绿色核心是提升整个办公场所品质的重要设计手法，以此来提升建筑价值。

选取适合地区和土壤条件的本土植物，构成环境净化、立面遮阳、整体拼装甚至新能源发电等在建筑的架空空间以及内部"生态核"，形成了综合绿化生物系统。

绿核效果图

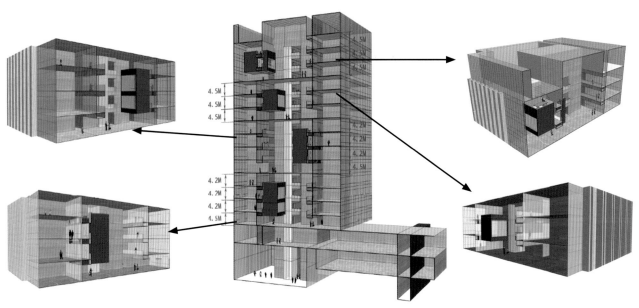

绿核构架表现图

基于 BIM 技术的协同设计

文 / 祝伟

1. 概况

北京石景山区银河商务区 E 地块为办公 / 商业综合体。本项目位于北京市长安街西沿线南侧、石景山区政府西南侧。整幢建筑由两栋塔楼组成，并通过一个三层高的裙房连接成整体。

用地规模：12 500m²

总建筑面积：87 374m²

地上建筑面积：56 250m²

南塔 4~17F 面积：20 037m²

北塔 3~17F 面积：22 620m²

地下建筑面积：31 124m²

银河商务区 E 地块项目的全设计过程采用了 BIM 技术作为设计平台，对能耗分析、参数化设计、碰撞检查、材料信息输入、工程量统计等方面的 BIM 技术应用进行了初步探索。

2. 能耗分析

本项目在方案设计阶段使用 BIM 技术进行了能耗分析，使得初期方案的决策更具有科学性。通过分析可知：

（1）北京地区春季与夏季自然通风潜力较大，建筑开口位置的设置及开启方向应有利于东南向的通风，使过渡季节自然通风能够带走室内热量。

（2）南立面冬季太阳辐射量约为夏季的 3 倍，是最有利于采用太阳能采暖的朝向，高透的玻璃和低反射的遮阳帘是有利于节能的；东西向夏季阳光辐射强烈，冬季辐射较弱，该朝向采用低遮阳系数的玻璃或高反射的室内遮阳帘将有利于降低夏季的阳光辐射；北向冬季和夏季得到的辐射均较少，该朝向的光线以散射光为主，可充分利用该朝向进行采光。

（3）北京地区夏季湿度较高，直接蒸发降温会引起湿度增加，因此不建议采用蒸发降温的手段来增加舒适度。

（4）在北京地区将太阳能采暖、增强围护结构的蓄热能力及自然通风应用得当，就可以大幅度提高室内的热舒适度，从图中可以看出被动式太阳能采暖策略在冬季与过渡季效果显著，高热容材料及自然通风在春秋季及夏季作用明显。

（5）由于冬季的室内外温差远远大于夏季的室内外温差，因此冬季以热传导和通风能耗为主，提高幕墙气密性级别对于节能非常有意义。

3. 参数化设计

本项目将层高作为参数建立所有的模型，建筑标准层层高的变化，不仅仅会引起建筑各标准楼层标高、吊顶的变化，结构专业也会有一系列的改变——结构的梁板标高、结构柱的高度、混凝土用量及相关造价等；机电管线的布置也会随这一参数的改变而改变，标高、长度、用量及相关造价等等；幕墙专业的立面分格、玻璃板块大小、铝型材用量等都将随着层高参数的改变而改变。

本项目中幕墙分格尺寸也是基础参数，分格尺寸的变化会引起幕墙竖向分格的变化、玻璃板块尺寸的变化等。

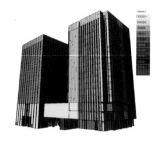 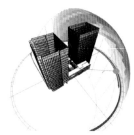

立面阳光辐射强度分析

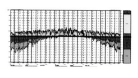 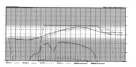

建筑能耗列表　　　　　逐时温度

间接阳光辐射得热　　　年温度分布

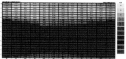

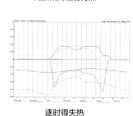

逐时得失热　　　　　逐月不舒适度分析

4. 碰撞检查

本项目通过 BIM 技术创建了各专业的 BIM 模型，并将其整合为 BIM 整体设计模型，消除了各类碰撞 1200 余处。

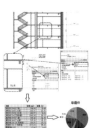

建筑标高作为参数
结构相关尺寸及用量随之变化

建筑标高作为参数
机电相关尺寸及用量随之变化

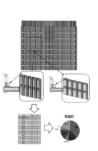

幕墙立面分格参数的变化
导致幕墙立面的变化

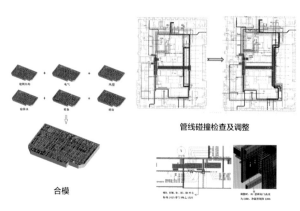

管线碰撞检查及调整

合模　　　　　门净高尺寸检查及调整

5. 材料信息

本项目的 BIM 模型为以下各种材料建立了较完整的信息，为物业更换构件提供便利；同时也为改建、扩建、重建或退役等重大变化都提供了完整的原始信息。

玻璃——U、SC 值，LOW-E 编号，玻璃规格，加工图编号，供应商（厂家、联系人、联系方式）

铝型材——材质，表面处理（颜色编号、粉末或是氟碳喷涂、涂层厚度、涂料供应商），隔热条材质，供应商

铝板——材质，表面处理（颜色编号、粉末或是氟碳喷涂、涂层厚度、涂料供应商），供应商

陶板——规格，吸水率，表面处理，挂架型号，供应商

护网——供应商

胶条——编号，型号，供应商

密封胶——级别，型号，供应商

钢件——材质，表面处理

构件信息

6. 工程量统计

BIM 软件具有自动算量的功能，既提高了计算的准确度，也大大减少了设计师的工作量。自动算量的功能尤其方便了方案的修改，每次方案变动，则会在混凝土、风管、暖通水管、消防管道、给排水管等方面自动生成新的工程量统计。在此仅以混凝土用量统计和风管工程量统计为例。

混凝土用量统计

地下室混凝土用量

名称	体积（m³）	重量（t）
主楼柱 C55	656.14	164.04
主楼直形墙 C55	1382.85	345.71
纯地下室柱 C40	1039.54	259.89
纯地下室直形墙 C35	3239.87	809.97
矩形梁 C30	2321.35	580.34
有梁板 C30（5~机房层）	5453.14	1363.29
楼梯-现场浇注混凝土 C30	183.32	45.83
汽车坡道 C30	127.01	31.75
总计	14403.22	3600.81

裙房混凝土用量

名称	体积（m³）	重量（t）
矩形柱 C50	259.77	64.94
矩形柱 C55	633.74	158.44
矩形柱 C30	1034.31	258.58
直形墙 C50	418.43	104.61
直形墙 C55	1009.66	252.42
有梁板 C30	2266.04	566.51
设备墩台 C30	13.8	3.45
楼梯-现场浇注混凝土 C30	180.18	45.05
总计	5815.93	1453.98

北塔混凝土用量

名称	体积（m³）	重量（t）
矩形柱 C50（4~7 层）	286.87	71.72
矩形柱 C40（8~14 层）	425.98	106.50
矩形柱 C30（15~18 层）	135.91	33.98
矩形梁 C50（5~机房层）	1593.86	398.47
直形墙 C50（4~7 层）	670.06	167.52
直形墙 C40（8~14 层）	1155.28	288.82
直形墙 C30（15~机房层）	636.97	159.24
有梁板 C30（5~机房层）	2508.81	627.20
幕墙墩台 C30	11.2	2.80
设备墩台 C30	21.57	5.39
楼梯-现场浇注混凝土 C30	103.44	25.86
总计：	7549.95	1887.49

南塔混凝土用量

名称	体积（m³）	重量（t）
矩形柱 C50（4~7 层）	334.64	83.66
矩形柱 C40（8~14 层）	452.27	113.07
矩形柱 C30（15~18 层）	143.77	35.94
矩形梁 C30（5~机房层）	1342.92	335.73
直形墙 C50（4~7 层）	448.22	112.06
直形墙 C40（8~14 层）	725.49	181.37
直形墙 C30（15~机房层）	430.87	107.72
有梁板 C30（5~机房层）	2230.52	557.63
幕墙墩台 C30	17.46	4.37
设备墩台 C30	33.18	8.30
楼梯-现场浇注混凝土 C30	120.03	30.01
总计：	6279.37	1569.84

风管工程量统计

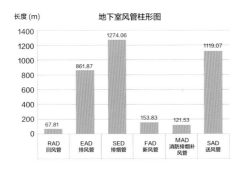

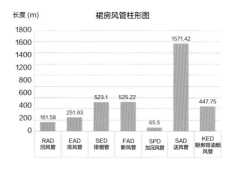

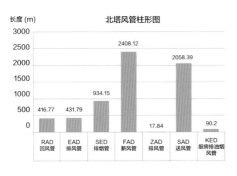

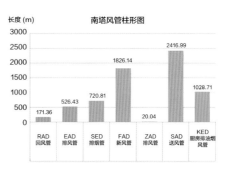

7. 结语

在财智中心项目的设计过程中，BIM 技术在本项目的能耗分析、参数化设计、碰撞检查、材料信息输入、工程量统计等方面进行了探索，希望本项目能在继上海中心的 BIM 应用之后，成为一个将 BIM 从复杂项目向常规项目拓展的契机和基础。

平面图

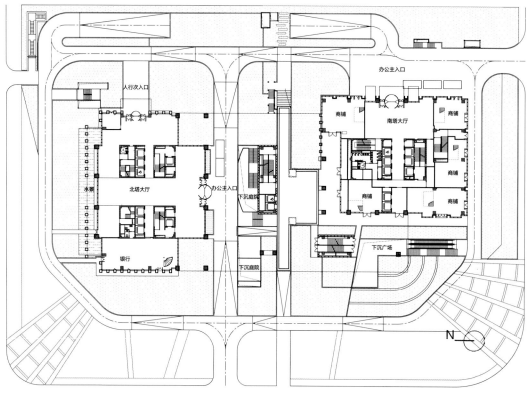

一层平面图

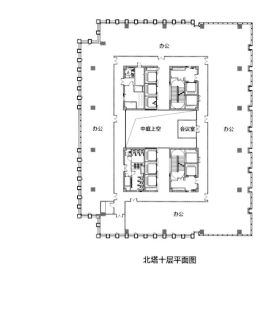

北塔十层平面图

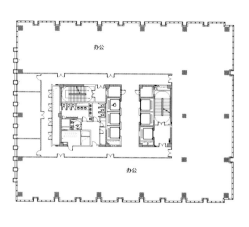

南塔标准层平面图

组合西剖面图

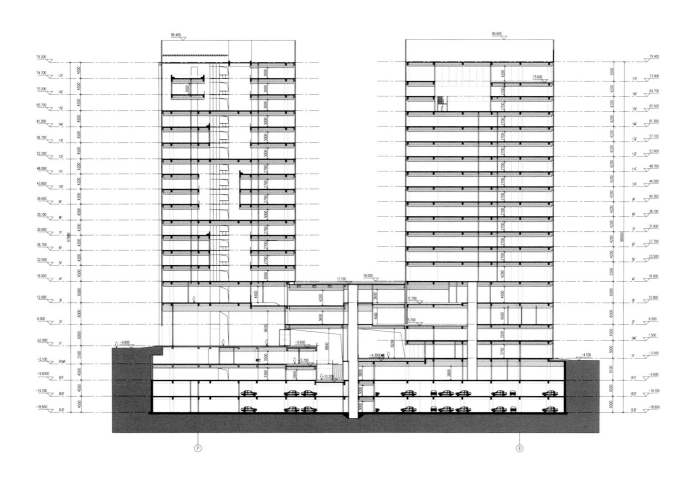

万达信息二期

项目名称：万达信息总部二期
地　　点：上海闵行区万达信息总部基地
业　　主：万达信息股份有限公司
类　　型：软件中心
建筑面积：32 181m²
设计阶段：方案设计/初步设计/施工图设计
设计时间：2012–2013年

　　立足于一期建筑现有的建筑风格和布局，二期建筑力求与一期合为整体，遵从、提升并强化信息技术产业的智慧型、绿色型的企业形象，形成独具特征的高科技总部园区。

鸟瞰图

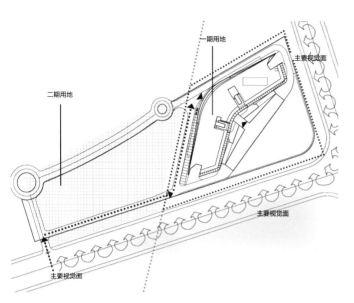

整个建筑的走势好似一条升腾的龙

基地环境

　　本项目属于漕河泾新兴技术开发区浦江高科技园，地块交通便利。其南侧为联航路，东侧为三鲁路。基地东区为已建一期研发楼。基地用地南北进深290m，东西面宽230m，地块基本为矩形，用地方正。地块四周均为待开发的CBD区域，各朝向均有良好的商业开发面。其西侧与开发区总部大楼以一条绿化带进行分隔。

基地总体布局

　　根据使用特征，二期建筑将由两大使用块面组成。项目所在用地较为狭长，一期建筑已经构成了弧长的视觉特征，二期如采用方型建筑形式从组合上无法形成对应。由此选择了弧形的布局，既达到和一期的呼应，同时随着弧形走向退让出局部城市空间，以削弱对城市拥堵的感觉，并通过建筑间的开口形成了有效的城市节奏。

　　总平面上一期和二期相映成趣，对应于集团的标志。

景观分析

　　基于"接近自然，回归自然"的绿色生态建筑法则，在基地内部设置了大面积的景观绿化。在建筑主要出入口附近均设置集中绿化，可以形成基地内部的"绿肺中心"，达到调节基地内部微气候，打造舒适宜人的地面环境，提升地块的整体品质。

沿街表现图

形体生成

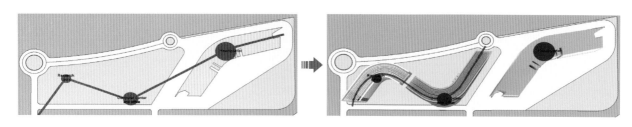

设计来源

构架顶部线条抽象自电脑中的零部件

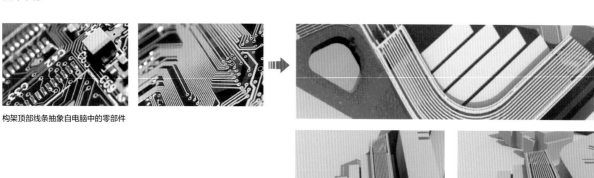

企业一期和二期建筑相互交错的
形态对应于万达信息集团的标志

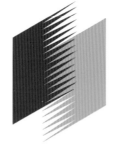
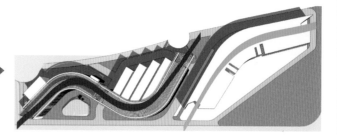

北侧表现图

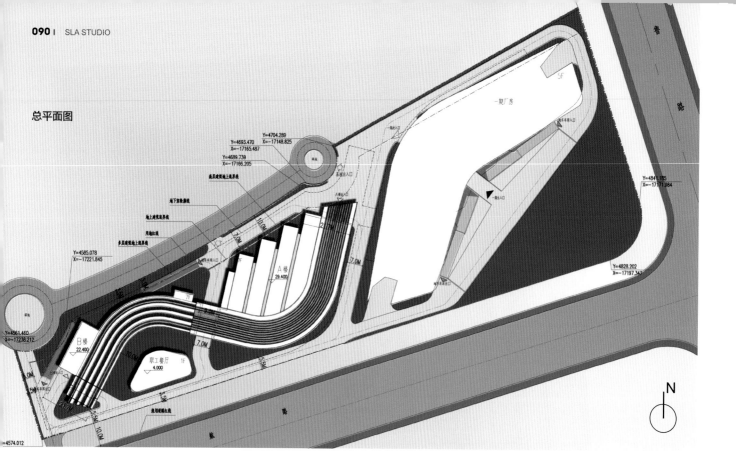

总平面图

工程结构概述

万达信息二期项目由两幢研发大楼、一个职工食堂及一个多功能培训厅组成，是一个企业办公综合开发项目。本工程总建筑面积约为 38 210m²，其中地上部分建筑面积约为 25 210 m²，研发 A 楼高度为 30m，研发 B 楼高度为 23m，均为地上 7 层，拟采用钢筋混凝土框架抗震墙结构体系；职工食堂和多功能培训厅为均地上 1 层。本工程地下室主要作为停车库使用，并与一期地下室联通，局部用于设备机房。地下部分建筑面积为 13 000 m²，拟采用钢筋混凝土框架结构体系，地下室顶板采用现浇钢筋混凝土梁板结构。地下室底板的结构面标高为 -4.700，拟采用桩基 + 承台地基梁基础，局部抗震墙下采用桩筏基础。本工程室内外高差为 0.6m。

研发 A 楼长 63.8m，研发 B 楼展开长度约 64m，结构设计均不考虑设置伸缩缝。二期地下室长度约 150m，结构设计拟在两栋塔楼的中间设置贯通南北的温度后浇带，以应对温度变形。各塔楼结构设计时，均考虑地下室顶板对其的嵌固作用。

本工程耐久年限为二级（50~100 年），耐火等级为一级，抗震设防烈度 7 度。

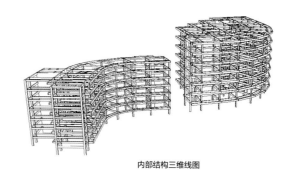

内部结构三维线图

主要设计参数

1. 建筑类别

根据本工程建筑物的性质及使用功能，按《建筑抗震设防分类标准》(GB50223-2008) 有关规定，其类别属丙类建筑。

2. 设计使用年限及安全等级

本工程的建筑物按《建筑结构可靠度设计统一标准》(GB50068-2001)【1.0.5】及【1.0.8】条规定，其设计使用年限为 50 年，上部结构的安全等级为二级。按《建筑地基基础设计规范》(GB50007-2011)【3.0.1】条规定，本工程地基基础的设计等级为丙级；按上海市工程建设规范《地基基础设计规范》(DGJ08-11-2010)【3.0.5】条规定，本工程地基基础的安全等级为二级。

3. 抗震设防及地震作用

根据国家地震局颁布的地震烈度区划图，本地区的地震基本烈度为 7 度，即本工程按抗震设防烈度 7 度进行分析计算，并按抗震设防烈度 7 度考虑抗震措施。

根据《建筑抗震设计规范》(GB50011-2010)【6.1.2】条规定，本工程研发 A 楼的建筑高度大于 24m，其框架的抗震等级为三级，抗震墙的等级为二级；研发 B 楼的建筑高度小于 24m，其框架的抗震等级为四级，抗震墙的等级为三级。研发 B 楼局部采用单跨框架，但按照《建筑抗震设计规范》(GB50011-2010)【6.1.5】条规定的条文说明，可不作为单跨框架结构对待。

本工程的抗震设防烈度为 7 度，设计基本地震加速度值为 0.10g，多遇地震影响系数最大值为 0.08，罕遇地震影响系数最大值为 0.50。设计地震分组为第一组，场地类别为Ⅳ类，场地特征周期为 0.90s。结构阻尼比取 0.05。

本工程研发 A 楼的平面和竖向布置均属规则类型。

4. 风荷载

本工程塔楼高度均不超过 30m，可采用 50 年重现期的风压值，基本风压取为 0.55kN/m²，地面粗糙度类别为 B 类（城市郊区），体形系数为 1.3。

平面图

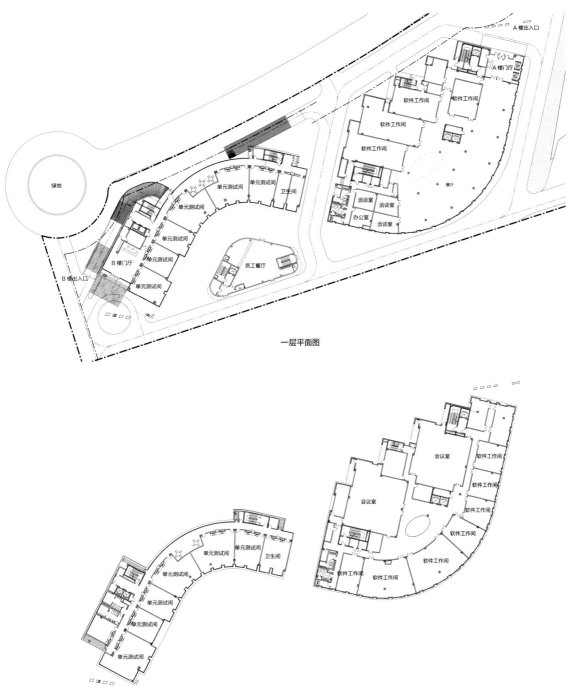

一层平面图

二至七层平面图

**重庆城南
未来三期**

地点：重庆巴南区龙洲湾
业主：重庆新跨越房地产公司
类型：商业综合体、住宅
建筑面积：199 834m²
设计阶段：方案设计/初步设计
设计时间：2013年

鸟瞰图

总平面图

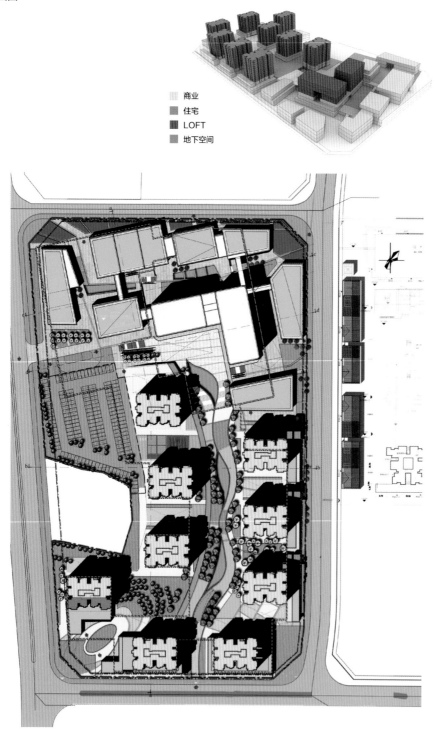

商业
住宅
LOFT
地下空间

商业街夜景图

青海藏文化
博物馆

地点：青海省西宁市生物园区经二路36号
业主：青海藏文化博物馆有限公司
类型：博物馆
建筑面积：28 268m²
设计阶段：方案设计/初步设计/施工图设计
设计时间：2011-2013年

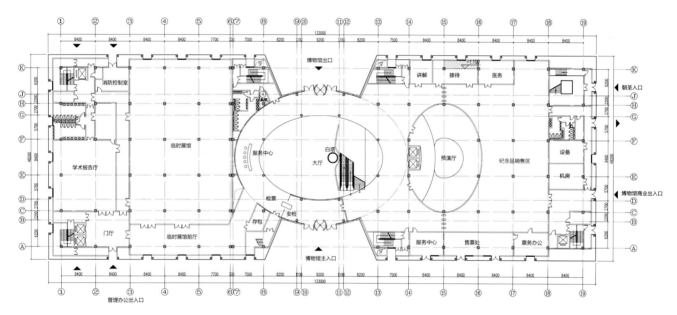

一层平面图

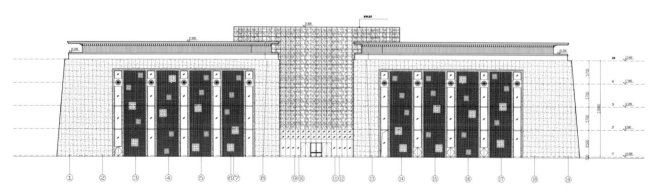

立面图

主入口黄昏效果图

主入口透视图

**通州富都
国际广场**

地点：江苏省南通市通州区
业主：通州富都国际酒店有限公司
类型：酒店、商业综合体
建筑面积：90 240m²
设计阶段：方案设计/初步设计/施工图设计
设计时间：2011年

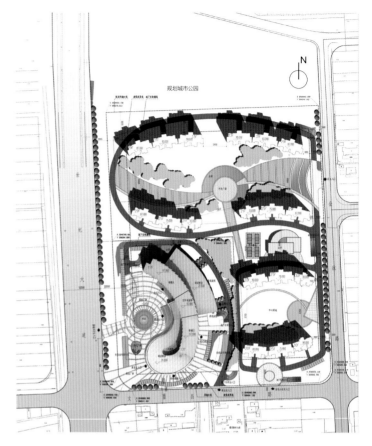

总平面图

鸟瞰图

项目施工建设现场

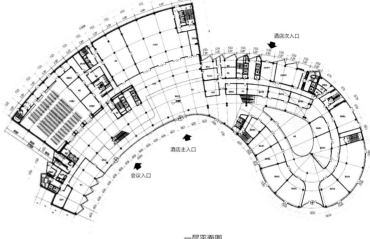

一层平面图

夜景效果图

**成都九龙沟
宝泰山庄**

地　　点：四川省崇州市九龙沟风景区红纸村
业　　主：成都宝泰实业集团有限公司
类　　型：酒店、山地别墅
建筑面积：20 665m²
设计阶段：方案设计
设计时间：2012年

总平面图

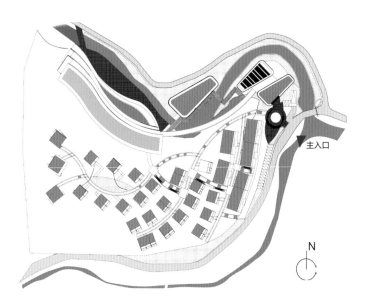

主入口

N

山景表现图

商业综合
COMMERCIAL
COMPLEX

D

重庆城南未来三期
地点：重庆市巴南区龙洲湾
业主：重庆新跨越房地产公司
类型：商业综合体、住宅
建筑面积：199 834m²
设计阶段：方案设计/初步设计
设计时间：2013年

华富国际广场
地点：江苏省南通技术开发区能达商务区
业主：南通通商置业有限公司
类型：酒店办公综合体
建筑面积：257 448m²
设计阶段：方案设计/初步设计
设计时间：2011-2012年

无锡梁青路商业综合体
地点：江苏省无锡市
业主：上海巾帼三六五企业服务有限公司
类型：商业、办公综合体
建筑面积：120 000m²
设计阶段：方案设计/初步设计
设计时间：2013年

■ 长春晶座
地点：吉林省长春南部新城
业主：绿地集团
类型：城市综合体
建筑面积：258 823m²
设计阶段：方案竞赛
设计时间：2010年

宜兴和桥步行水街
地点：江苏省无锡市宜兴和桥镇
业主：江苏中超地产置业有限公司
类型：商业综合体
建筑面积：42 470m²
设计阶段：方案设计/初步设计/施工图设计
设计时间：2013年

通州富都国际广场
地点：江苏省南通市通州区
业主：通州富都国际酒店有限公司
类型：酒店、商业综合体
建筑面积：90 240m²
设计阶段：方案设计/初步设计/施工图设计
设计时间：2011-2012年

南通创业园区总部基地项目
地点：江苏省南通经济技术开发区
业主：南通能达建设
类型：商业、总部办公
建筑面积：210 000m²
设计阶段：概念方案
设计时间：2011年

武汉帝斯曼国际中心
地点：湖北省武汉武昌区武珞路
业主：丰泰置业有限公司
类型：酒店、办公、商业综合体
建筑面积：182 757m²
设计阶段：方案设计
设计时间：2011年

青年巷改造项目规划设计方案
地点：青海省西宁市
业主：青海鼎泰房地产有限公司
类型：办公、商业综合体
建筑面积：300 510m²
设计阶段：方案设计
设计时间：2012年

周浦中青旅商业中心
地点：上海市浦东新区周浦镇
业主：中青旅上海公司
类型：酒店、办公、商业综合体
建筑面积：160 000m²
设计阶段：概念设计
设计时间：2012年

办公
OFFICE

E

北京银河财智中心
地点：北京市石景山区银河商务区
业主：北京上善恒盛置业有限公司
类型：办公、商业综合体
建筑面积：87 837m²
设计阶段：方案设计/初步设计/施工图设计
设计时间：2012年

■ 中央电视台新台址建设工程主楼
地点：北京市光华路
业主：中央电视台
类型：广播电视制作及办公
建筑面积：550 000m²
设计阶段：合作方案设计/初步设计/施工图设计
设计时间：2002-2008年

■ 武汉广播电视中心
地点：湖北省武汉市青年路、建设大道交界处
业主：武汉广播电视集团
类型：广播电视制作及办公
建筑面积：102 000m²
设计阶段：方案设计/初步设计/施工图设计
设计时间：2000-2005年

信息总部大厦
地点：上海市徐汇区龙腾大道
类型：办公
建筑面积：30 000m²
设计阶段：方案竞赛
设计时间：2013年

万达信息总部二期
地点：上海市闵行区万达信息总部基地
业主：万达信息股份有限公司
类型：软件中心
建筑面积：32 181m²
设计阶段：方案设计/初步设计/施工图设计
设计时间：2012-2013年

■ 苏宁总部大厦
地点：江苏省南京市
业主：苏宁电器
类型：集团办公、酒店
建筑面积：189 688m²
设计阶段：方案竞赛
设计时间：2009年

■ 该部分为在华东建筑设计研究院期间负责作品

■ 阿联酋三叶大厦
地点：阿联酋阿布扎比
业主：MAAM
类型：商业、办公综合体
建筑面积：360 000m^2
设计阶段：方案设计
设计时间：2009年

■ 印度之钻
地点：印度古吉拉特邦 GIFT 项目 D 地块
业主：古吉拉特经济开发区管理局
类型：办公
建筑面积：333 600m^2
设计阶段：方案设计
设计时间：2008年

南通综合保税区管理大厦
地点：江苏省南通综合保税区
业主：南通经济技术开发区总公司
类型：商务办公
建筑面积：24 083m^2
设计阶段：方案设计/初步设计/施工图设计/室内设计
设计时间：2012-2013年

■ 广州电视台
地点：广东省广州市
业主：广州电视台
类型：广播电视制作、酒店
建筑面积：200 000m^2
设计阶段：方案竞赛
设计时间：2006年

■ 南通能达大厦
地点：江苏省南通市
业主：南通能达建设投资有限公司
类型：办公
建筑面积：119 958 m^2
设计阶段：方案设计/初步设计/施工图设计
设计时间：2010年

■ 江海商务大厦
地点：江苏省海门经济技术开发区
业主：海门江海投资发展有限公司
类型：办公/会议/餐饮/休闲
建筑面积：66 000m^2
设计阶段：方案设计/初步设计/施工图设计
设计时间：2009年

文化建筑
CULTURE
BUILDING

F

青海藏文化博物馆
地点：青海省西宁市生物园区经二路36号
业主：青海藏文化博物馆有限公司
类型：博物馆
建筑面积：28 268m²
设计阶段：方案设计/初步设计/施工图设计
设计时间：2011-2013年

■ 特立尼达与多巴哥国家艺术中心
地点：特立尼达和多巴哥国，西班牙港
业主：Udecott
类型：观演及配套酒店
建筑面积：25 550m²
设计阶段：方案设计/初步设计/施工图设计/室内设计
设计时间：2006年

■ 海峡论坛
地点：福建省厦门市
业主：厦门市规划局
类型：会议
建筑面积：50 000m²
设计阶段：投标方案
设计时间：2008年

能达公园会务洽谈中心
地点：江苏省南通市能达公园
业主：能达公园
类型：会所
建筑面积：1 320m²
设计阶段：方案设计/初步设计/施工图设计
设计时间：2012年

■ 世博·阿联酋馆
地点：2010年上海世博园区
业主：阿联酋馆筹备处
类型：展览
建筑面积：3 452m²
设计阶段：合作方案设计/初步设计/施工图设计
设计时间：2010年

■ 世博·委内瑞拉馆
地点：2010年上海世博园区
业主：委内瑞拉外交部
类型：展览
建筑面积：3 000m²
设计阶段：合作方案设计/初步设计/施工图设计/室内设计
设计时间：2010年

■ 该部分为在华东建筑设计研究院期间负责作品

**特立尼达和
多巴哥国家
艺术中心**

地点: 特立尼达和多巴哥国，西班牙港
业主: Udecott
类型: 观演及配套酒店
建筑面积: 25 550m²
设计阶段: 方案设计/初步设计/
　　　　　施工图设计/室内设计
设计时间: 2006年

入口门厅

建筑与环境

建筑主入口

从舞台看观众席

建筑局部光影

酒店
住宅
HOTEL
&RESIDENCE

G

海门市謇公湖迎宾馆
地点：江苏省海门市滨江科教城北侧
业主：海门经济技术开发区
类型：酒店
建筑面积：79 031m²
设计阶段：方案设计
设计时间：2012年

宜兴西诸羡溪苑
地点：江苏省宜兴市
业主：江苏中超投资集团有限公司
类型：企业别墅
建筑面积：61 650m²
设计阶段：概念方案
设计时间：2012年

无锡印象剑桥158号别墅
地点：江苏省无锡市滨湖区常乐路8号
业主：无锡灵山房地产投资有限公司
类型：住宅
建筑面积：1 725m²
设计阶段：方案设计/初步设计
设计时间：2011年

熙岸铭郡
地点：江苏省昆山市千灯镇大唐花苑
业主：江苏省昆山华夏房地产有限公司
类型：住宅
建筑面积：11 604m²
设计阶段：方案设计/初步设计/施工图设计
设计时间：2013年

■   衡山路十二号豪华精选酒店
地点：上海市徐汇区衡山路
业主：上海至尊衡山酒店投资有限公司
类型：酒店
建筑面积：51 094m²
设计阶段：合作方案设计/初步设计/施工图设计/室内设计
设计时间：2008-2012年

陶家宅
地点：上海市浦东新区陶家宅8号
业主：上海鹏欣滨江房地产开发有限公司
类型：住宅、办公
建筑面积：35 179m²
设计阶段：竞赛方案
设计时间：2011年

成都九龙沟宝泰山庄
地点：四川省崇州市九龙沟风景区红纸村
业主：成都宝泰实业集团有限公司
类型：酒店、山地别墅
建筑面积：20 665m²
设计阶段：方案设计
设计时间：2012年

■   唐韵山庄
地点：北京市怀柔区
业主：中国大唐集团公司
类型：酒店
建筑面积：50 000m²
设计阶段：方案设计/初步设计/施工图设计/室内设计
设计时间：2006-2008年

衡山路十二号

项目名称：　上海衡山路十二号豪华精选酒店
地　　点：　上海市徐汇区衡山路
业　　主：　上海至尊衡山酒店投资有限公司
类　　型：　酒店
建筑面积：　51 094m^2
项目建筑师：马里奥·博塔（Mario Botta）　李瑶
设计时间：　2008-2012年

　　在上海高楼林立的建筑群中，华丽高端的商务酒店沿浦江两岸依次散开，精品酒店则以不同的特色散落在城市的个性化区域中。作为上海城市文化名片的衡山路却尚未有体现区域特色的酒店导入，由此一座融合区域文化、体现低调中优雅品质的精品酒店应运而生。

　　上海衡山路十二号豪华精选酒店项目的设计正是从空间着手，通过一系列具有创意的设计手法力求达到与风貌区周边环境融为一体的设计目标。以法国梧桐构成的花园式庭院形成绿色核心，与其下部泳池区域的顶部空间结合在一起考虑，既满足了功能上的需求，又丰富了空间造型，构成了精品酒店的核心和灵魂，使建筑在精神上与衡山路—复兴路文化历史风貌区相呼应，给予宾客以延续性的体验。

　　该项目结合精品酒店的区域定位，遵循建筑整体的风格，用焕发现代精神和城市特征的笔墨勾画空间，体现出了清雅的气质。

主入口街景

低调中的优雅

文 / 李瑶

衡山路十二号项目，自2007年底接手，到2012年12月12日落成，经历了我职业生涯的转变，期间于2011年9月创立了大小建筑设计事务所。基于和业主团队的理想合作，同时更基于在项目中和马里奥·博塔（Mario Botta）大师合作的深厚感情，将设计总负责人的使命贯穿至项目正式开业。

面对一个狭窄的地块，承载着顶级酒店品牌的需求，全面协助业主进行设计管理，从建筑设计延伸至设计顾问各个块面。

上海衡山路十二号豪华精选酒店位于上海市徐汇区衡山路历史文化风貌保护区的核心地段，以低调的姿态在历史风貌保护区中建立了全新的功能和秩序。

衡山路—复兴路区域是上海历史文化风貌的代表，项目位于其核心地段——乌鲁木齐路和高安路之间，基地东南临地铁1号线衡山路站。面对用地周边环境的挑战，设计以一个绿色中庭构架起项目的核心，既塑造了客房区的景观要素，也将衡山路的绿色视觉延伸入项目内部，体现"低调中展现优雅品质"的精品酒店理念。

在完整的入口体量中，以斜向设计手法将建筑灰空间引导出一个过渡的城市空间作为主入口，也以退让的空间方式和周边良好的对应。公共区域顶部布置了结合露台的全日制餐厅；三层为灵活分隔的无柱宴会大厅；二层为结合前侧入口广场上空的中餐厅及包房区域，形成了通过平台俯视街景的第一视点；首层和前侧大厅贯通，形成了开放的精品商业区和椭圆环廊步行空间，在其上方内侧布置

了四层以20m为高度控制的客房区，布置了171间不同尺度的客房。

受地上建筑面积总量所控，并配合精品酒店的其他功能，建筑向地下拓展，结合中庭设计了一个挑高两层的地下游泳池空间及健身中心。

建筑外立面设计聚焦在陶板上，红砖绿荫构成了最具上海韵味的特征。通过阳台及开窗部分不同角度铺设，实体陶砖的间隙将光线引入后侧的玻璃幕墙中，在室外表现的是完整的陶板造型，在室内环境则可体会光影交错的空间，形成了建筑与光线的对话。

衡山路十二号，承载着业主用建筑体现上海文化的愿景，低调中的优雅品质贯穿全局。当作品已悄然落成并开始描述一段属于上海故事的时候，在其背后更多体现的是一种低调中的坚持。

主入口夜景

建筑与环境

椭圆绿庭

绿庭局部

总平面图

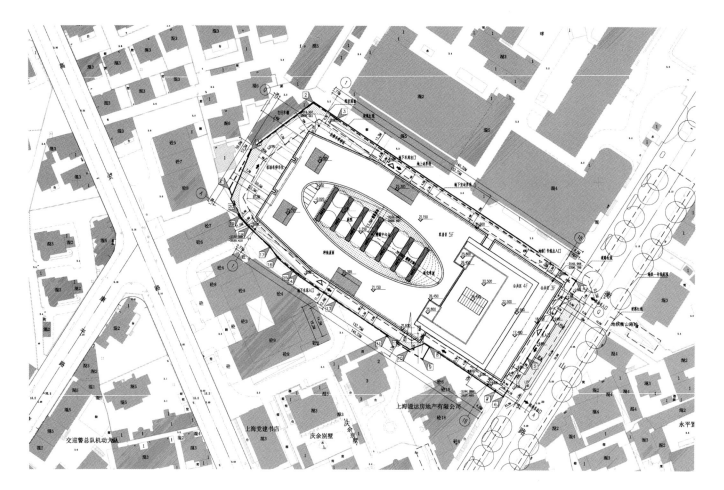

项目	指标
总用地面积	10 802.8 m²
建筑占地面积	5 555m²
地上建筑面积	27 657m²
计入容积率面积	27 020m²
地下建筑面积	23 437m²
建筑总面积	51 094m²
建筑密度	51%
容积率	2.50
绿地面积	1 265m²
绿地率	11.71%
停车位（机动车）	134 辆
建筑高度	19.6m
	23.95m

建筑顶部

平面图

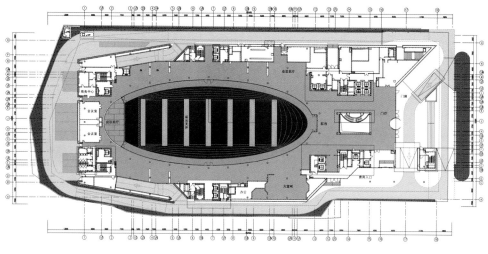

一层平面图

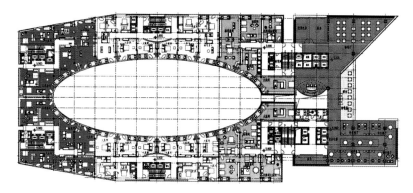

二层平面图

剖面图

内庭即景

套间局部

门庭休息区

入口中庭

游泳池局部

游泳池局部

游泳池全景

陶板幕墙局部

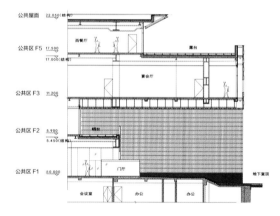

墙身节点1

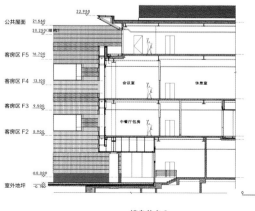

墙身节点2

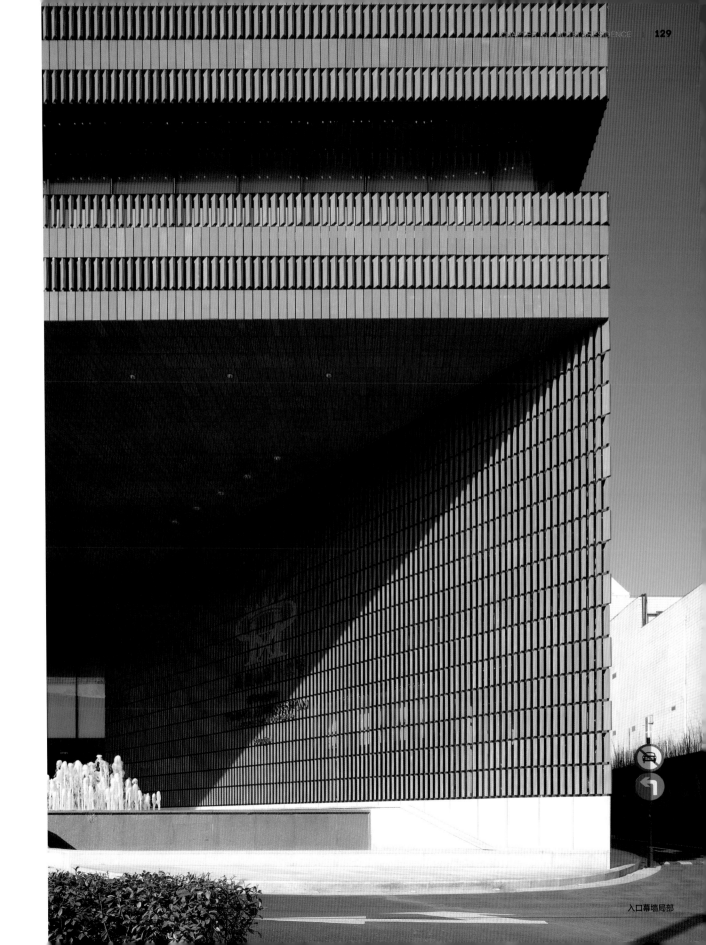

入口幕墙局部

唐韵山庄

地点：北京市怀柔区
业主：中国大唐集团公司
类型：酒店
建筑面积：50 000m^2
设计阶段：方案设计/初步设计/
　　　　　施工图设计/室内设计
设计时间：2006-2008年

陶板立面

客房正立面

建筑局部

室内顶部结构

游泳池

大厅

联盟论坛
SLA FORUM

H

大小联盟论坛成立仪式

时间： 2013.2.28
地点： 上海中山北路 1111 号同济规划大厦会议中心
主题： 现代建筑发展趋势及案例分析 —— 大小建筑 李 瑶
　　　结构与现代建筑 —— 易赞结构设计 徐朔明
　　　BIM 与建筑外墙 —— EFC 创羿幕墙 尹 佳

设计言商

时间： 2013.3.29
地点： 上海中山北路 1111 号同济规划大厦会议中心
主题： 商业综合体项目的开发定位及发展趋势 —— 崇邦集团设计总监 严 峻
　　　大小说点事 —— 大小建筑 李 瑶
　　　大跨结构的魅力及设计方法之探寻 —— 易赞结构设计 徐朔明
　　　设计言商之室内浅谈 —— 高美室内设计 邱定东
　　　商业建筑幕墙面材初探 —— EFC 创羿幕墙 尹 佳
　　　灯光下的商业空间 —— 路盛德照明设计 杜志衡

也谈酒店

时间： 2013.5.17
地点： 上海衡山路 12 号豪华精选酒店 至尊厅
主题： 衡山路 12 号的设计全过程分享 —— 大小建筑 李 瑶
　　　酒店室内设计的氛围创造 —— 高美室内设计 邱定东
　　　酒店之光与影 —— 路盛德照明设计 杜志衡

绿色建筑

时间： 2013.7.26
地点： 上海市铭德大酒店
主题： 建筑物理环境与案例分析 —— EFC 创羿幕墙 张 杰
　　　绿色建筑与经济 —— 大小建筑 吴 正
　　　成都 339 广场项目结构设计介绍 —— 易赞结构设计 曹嘉隽
　　　绿色建筑案例分析 —— 上海中建建筑 阎晓逢

图书在版编目（CIP）数据

大小建筑进行时 / 李瑶主编 . –– 上海：同济大学
出版社 , 2013.9
（大小建筑系列 . 第 1 辑）
ISBN 978-7-5608-5292-8

Ⅰ . ①大… Ⅱ . ①李… Ⅲ . ①建筑设计 – 作品集 – 中
国 – 现代 Ⅳ . ① TU206

中国版本图书馆 CIP 数据核字 (2013) 第 218759 号

主　　编	李　瑶
副 主 编	吴　正　尹　佳
成　　员	徐朔明　史　立　邱定东
版式设计	娄奕珊
摄　　影	傅　兴　李　瑶

大小建筑系列·第1辑
大小建筑进行时

李 瑶 主编

策划编辑 张睿　　**责任编辑** 张睿　　**责任校对** 徐春莲　　**封面设计** 娄奕珊

出版发行	同济大学出版社
经　　销	全国各地新华书店
印　　刷	上海千祥印刷有限公司
开　　本	889mm×1194mm　1/16
印　　张	8.5
字　　数	212 000
版　　次	2013年9月第1版　2013年9月第1次印刷
书　　号	ISBN 978-7-5608-5292-8

总 定 价　288.00 元（共2册）